调香手记

Making Natural Perfumes

55种天然香料萃取实录

蔡锦文 著

图书在版编目（CIP）数据

调香手记：55 种天然香料萃取实录 / 蔡锦文著 . -- 2 版 . -- 北京：华夏出版社有限公司，2022.2（2024.7 重印）

ISBN 978-7-5222-0255-6

Ⅰ . ①调… Ⅱ . ①蔡… Ⅲ . ①香精油－基本知识 Ⅳ . ① TQ654

中国版本图书馆 CIP 数据核字 (2022) 第 005945 号

北京市版权局著作权合同登记号：图字 01-2016-9541 号

调香手记：55 种天然香料萃取实录

作　　者　蔡锦文
责任编辑　蔡姗姗
美术设计　殷丽云
责任印制　周　然

出版发行　华夏出版社有限公司
经　　销　新华书店
印　　刷　北京华宇信诺印刷有限公司
装　　订　三河市少明印务有限公司
版　　次　2022 年 2 月北京第 2 版
　　　　　2024 年 7 月北京第 4 次印刷
开　　本　720×1030　1/16
印　　张　14.25
字　　数　200 千字
定　　价　88.00 元

华夏出版社有限公司　网址：www.hxph.com.cn
地址：北京市东直门外香河园北里 4 号　邮编：100028
若发现本版图书有印装质量问题，请与我社营销中心联系调换。
电话：（010）64663331（转）

推·荐·序

香气的狩猎旅行

最初接到邀约，要为一本调香书写推荐序，我心里很是踌躇。一般这类书籍总是天下文章一大抄，很难读到个人的风采。另一方面，我的专业是芳香疗法，不是调香，即便熟悉所有的材料，由于取径和目的不同，我自认不是那条路上最具资格的导游。但负责联系的同事告诉我，作者本是一位野鸟画家，还出过讲鸟巢的专书，听得我脑中电灯泡都亮了，立刻承诺来拜读一下。

野鸟画家写的调香书为什么必有可观之处？首先，调香是一门艺术，而不仅是一种技术，调色、调音、调香其实走的是同一条门道，已经在门内的作家，风采不可能流于一般。其次，为了观察鸟类的生活，鼻子自然会跟着眼睛一起领受自然的调教，这种训练比任何调香学校能指导的都要更扎实、更鲜活，也更有趣。向如此硬里子的作者学调香，肯定能超出“卡哇伊”和“女神”的套路。

果然，原本想快速浏览好完成任务，却变成一场流连忘返的香气“撒伐旅”（safari）。我相信就算对 DIY 毫无热情的读者，也可以从这本书里得到赏鸟一般的乐趣。至于原本就有心钻研香道的朋友，则真的有机会靠本书练成调香达人。作者对他笔下的芳香素材，不只做了去芜存菁的资料汇整，也慷慨分享了他亲力亲为而得来的心领神会。这种第一手的提点特别有说服力和感染力。

不晓得出版社与书店会如何替这本书定位，虽然它是货真价实的调香指南，但我觉得它完全有条件归入“生活风格”类。这本书最令我欣赏与感动的，是作者让香气与生活“同在”的态度。受惠于自然观察的背景，作者乐于从野外开发和采集香气，像山棕花、森氏红淡比、大花曼陀罗等，而猛嗅大花曼陀罗还让他的牙痛烟消云散，简直就是芳香版的《闲情偶寄》。

作者的生活态度，也让古典文献活了过来。比如，因为好奇中国的香囊传统，特地从《楚辞植物图鉴》中选出香气比较浓郁的 12 种来研磨佩戴。可惜其效不彰，他就直接萃取以制作香膏，还把它命名为“楚香”……**涂抹在手上后，立即感受到一种悠然淡雅，似乎带着时间感的药草香瞬间化开，仿佛来到了屈原的香草水涯**。这个过程，与其说是风雅，不如说是生意盎然。这个人真懂得生活！

是的，生活不只是拼经济、缴贷款，生命也不该只是心心念念要得到父母的认同。生活应该是要不断壮大生命的存在感，让我们与飞瀑同在、与振翅采蜜的工蜂同在、与战国时代的古人同在、与亚马孙河的印第安原住民同在。虽然便捷的都市生活使人们的想象力和感受力日益贫乏，但幸好还有天然的香气，帮助我们联结上下古今，乃至于真实的自己。

我最喜欢这本书题为“混合野花香”的章节，宛如乡村或野外生活的炼金术。我曾在日常遛狗的山径被奇妙的花香缠绕，触目所及的大花咸丰草和紫花藿香蓟从来都不以香气见长，那股花香到底是哪里来的？我最后在普罗旺斯找到答案。为了做当地的精力汤，我采了一把猪殃殃、毛蕊花和草木犀，没有一种是大家公认的“香草”，结果却让每个学生的鼻子都粘在我手上。那就是混合野花香啊！

谢谢作者为我们示范一种充满惊喜的芳香生活，同时将他无比珍贵的心得传授给我们：**“我必须强调，‘等待’仍然是天然香水的首要本质。”**如果没有能力等待，我们也闻不出每一个生命独有的气味。

肯园香气私塾创办人　温佑君

作·者·序

有生命感的气味

“生命，是一连串稍纵即逝的美丽过程。”

约莫中学时期的我，即对这句话心有戚戚焉。每回想起，内心总浮现一丝柔和温暖的感觉，尤其当我废寝于工作时，都不免低下头来，让时空停驻当下，闭上眼，然后提醒自己：生命很美，别忽视了！从小就知道自己对一切具生命感的事物有较大的兴趣，男生喜欢玩的汽车或机器人玩具，我通通无感，甘冒被锐石划伤皮肉的风险，赤脚溜进水沟去捞小鱼小虾；或是埋藏于草丛间，忍受毒蚊轰炸机般的攻击，只为静待观察亲鸟如何哺育幼雏（这百看不腻的画面，往往让我心跳加速）。以前不懂，长大后才晓得：啊！是美。

因为美，生命有了可能；也因为美，才可能有生命感。原来，我对美有种非常自我的、不时髦的、天生而特殊的敏感度。仿佛自小便清楚了自己几斤几两，求学过程中亦毫无意外地在美术方面展现天赋，及至入了社会，总能将兴趣与工作结合。人生剧本似谱奏着贝多芬第九号交响曲第四乐章，歌颂喜悦而洪亮的幸福。然而，我也和所有人一样，随着年纪增长，开始尝到生命中的酸甜苦涩，许多时候，《欢乐颂》已变调成一首首悲歌，甚至苦调！不惑之年以前，从未刻意专注于气味（香气），因为经历了一次生命难题，气味悄然在我最卑微、最柔软，也最无助的时刻窜了进来。那段日子，无形的气味，俨然为我建了一座最实际的心灵堡垒；气味，非但让我体悟了不同的生命层次，也让我看到了不一样的美感。

初始，自己对各种气味的好奇是没来由的，仅靠单纯感受，用鼻更用心。我从容易获取的天然精油，开始走入迷人的气味世界。或许受助于所学，对于多数来自植物的精油，我很容易就记住了各种气味的特征。在这新鲜的领域里，自我学习摸索的感觉简直像发现新大陆一般，尤其在尝试了自行萃取气味之后，成就感已非笔墨足以形容。常常有人问起，为什么想做香水？其实我也说不上来，或许和自己喜爱绘画有关吧。事实上，调香和调色在本质上概念是互通的，娇艳的玫瑰，加上性感的茉莉，几乎等于引人遐想且怜爱的粉红色。只是调香的难度可能高些，因为气味难以被具体形容和认知。若我说柚花的气味如何如何，相信也只有闻过的人才能领略。何况调香（尤其香水）时常是七八种以上的香料合奏，最终成品的气味样貌也只有创作者诠释得了。

对我来说，描述气味正是写作此书最大的难题。然而，这并不影响我对气味世界的感受。在萃取、制作、享受香水的过程中，我发现，气味不仅仅是气味而已，它还可以是某种需要被解密的讯息、一段动人心弦的故事、一阕回味无穷的小诗、一座难以忘怀的城市、一场惊心动魄的艳遇，或是某个心爱的人等。生活中，充斥着各种气味，如何捕捉气味或重组气味，最后制作各种香气作品以享受气味乐趣，书中有我最真实的体验，只要打开心灵的鼻子，你将发现，气味其实就是生活，它是有生命感的。

能完成此书，我非常感谢生命中的好友——碧员（本书主编）。在我摸索制作香水过程中，碧员一直当我的小白鼠，没有她，这本书将香气尽杳，她是让这本书散发馨香的紫罗兰酮。自学调香、萃香，到写作此书，不免得搜集消化许多相关知识。在中文书籍方面，除了芳香疗法，温佑君老师对植物的另类观点，也时常给予我关于气味方面的启发，这在《温式效应》一书中展露无遗。原来气味在嗅觉、触觉、听觉甚至感觉上，可以这样美！感谢温老师序文大力推荐，虽未曾谋面，但早已在老师所有著作中，闻遍各种植物的温式芳香。最后，还要感谢我的家人以及所有相知相遇，你们是我生命中最美的香气。

目录
contents

香水说从前

香气萃取与调香

天然香料 | 花朵篇 |

天然香料 | 果实篇 |

Part 5

天然香料 |草叶与其他篇|

Part 6

天然香料 |芳香中草药篇|

天然香料 |动物性香料篇|

Part 1 香水说从前

握着一枝花
你来过我的房间
又走了
仅留下
淡淡的香气
此刻犹不忍散去

啊　无边幸福
无间地狱

——许悔之《香气》

香是人类生活中的一种美好感受，人们对香气的喜爱，如同蝶之恋花、木之向阳，是一种本能和天性。香气，润泽了生命中的灵性。

想到香，许多人脑海中会浮现各种记忆：祖母发髻上的白玉兰、清明祭祖的艾草粿、男女朋友的体味、寺庙里善男信女虔诚的焚香、木材工厂的木头味、秋阳蒸晒下的稻草香……香气种类多样而繁复，与生活息息相关，无处不在。

香气也能激荡人们的思绪，伴随着记忆，思绪即蜕成了想象。若说大千世界是人们想象出来的，无疑，香气便是让世界呈现多彩样貌的缪斯。人类依循着本能，早已将香气具体化为日常所需，其中，香水可谓香气的艺术品。

从古希腊说起

人类早在有历史记录之前，就开始将香料应用于生活中了。在不同时代、历史、文化、地理环境及气候等背景条件下，各种芳香产品相继被开发出来，其中最特殊的就是香水。

复刻版的古早味

perfume（香水）一词源自拉丁文的 per fumum，意思是“穿过烟雾”，概念其实和熏香（incense）差不多。古老的西方，除了焚香祭祀，更多是以植物油萃取香料气味，制成香膏、香油或香粉。2003 年，意大利的考古学家在该岛南方 Pyrgos 至 Mavrorachi 地区，挖掘出距今四千多年的一个香水工厂，他们发现了许多古老的蒸馏器具、研磨钵、漏斗以及散落一地的长颈陶制香水瓶。显然，那时将芬芳之物藏进香水瓶的理念，和现代是差不多的。

2008 年，在罗马香水展中，科学家分析了残留在这些古老香水瓶中的 14 种芳香物质，取用相同的香料，进而模拟出 4 种当时的香水，并以古希腊女神来分别命名。这些复刻版的古老香水，据说闻起来是木材加药草味，主要由迷迭香、香桃木、薰衣草、月桂、佛手柑、松脂和芫荽等所制成。

众神的祝福

古希腊是个信仰众神的文明古国，香料来自神的恩典。相传罗马神话中的维纳斯，是第一个使用香料的女神，闻到香味代表得到众神的祝福。古希腊最有名的一款香水称为“Megaleion”，主要由没药、肉桂、月桂等香草植物制成，是历史上第一瓶以香水师名字命名的香水。

古罗马初期，人们对香料的兴趣不大，公元前 188 年政府甚至还发布禁令，不准老百姓使用香膏。后来，随着国力与航海技术的强大，移民遍及各地，也自各地引进各种香料，香料随即广为人民所应用。

罗马神话中的维纳斯，源自希腊神话中代表爱情、美丽与性欲的女神阿弗洛狄忒。据说维纳斯是第一个使用香料的女神，闻到香味代表得到众神的祝福，也意味着生命自芳香开启。图引用自维基百科

复古的香水瓶。瓶子上方的球状物有泵浦作用，用手挤压，可自喷嘴喷出香水。（撷取自 1880 年代药妆店目录）

相较于希腊人，罗马人的用香方式更扩展至日常生活。曾有史书记载，罗马贵族在宴客时，会在鸽子身上洒香水，当飞鸽振翅的时候，空气中就弥漫着香味；非但如此，社会经济地位较高的罗马妇女也有专属的香奴，随时为主人递补各种芳香物品，沐浴、按摩身体或修剪指甲都采用不一样的芳香制品。罗马人的泡澡习惯是出了名的，人们除了建造许多精致的澡堂，还会在澡池里添加月桂、迷迭香，让缭绕的水蒸气带着香氛。贵族将香料的使用视为一种品位与尊贵的象征，相传罗马皇帝尼禄在他妻子的葬礼中所消耗掉的香料，远比当时阿拉伯十年的总生产量还多！

埃及人制造香料油的壁画。这是公元前 2500 年埃及第四王朝古墓中一个石灰石雕刻的片段，目前收藏在卢浮宫。图引用自维基百科

中国的香文化

香水的概念来自熏香，熏香随着香料焚烧释放芳香气味，香水则通过溶剂散发，使人们产生美好感觉。了解天然香料如何被应用，有助于提升制作天然香水的创意。世界上许多古文化中香料的应用，大多始于祭祀、巫术、医病，人们借助熏燃香料产生的袅袅青烟，与八方神灵沟通。

中国历代都有特制的香炉，盛装香料焚烧，这是中国自古以来驱疫避秽、熏香环境的香文化。图为铜香炉

山柰与白芷

川花椒

肉桂皮

用来熏香的香料材，大多取自本土生长的芳香植物，在晾干、裁段或磨末处理之后，做成合香焚烧

《黄帝内经》也是芳疗圣经

在古老的中国，人们早就注意到了香的妙用，以燃香、煮药草汤沐浴、酿酒或做成香囊佩戴，来驱疫避秽。公元前771年以前的甲骨文、《楚辞》《周礼》以及《诗经》中都看得到对用香的记载。当时，应用的香料仅做晾干、裁段或磨末处理，种类以本土生长的植物为主，像泽兰、白芷、花椒、藁本、肉桂、艾、蒿、郁金、菖蒲等。《黄帝内经》是最早将熏香作为治疗疾病方法的医学典籍，它将熏香称为灸疗或芳疗，相较古希腊运用芳香药草的时期更早。

在西方，有“医学之父”称谓的希波克拉底（公元前460～前370年），留下了影响西方医学一千多年的著作，里面记载了三百多种药草处方。他提倡每天进行芳香沐浴及按摩来延年益寿。他的所有著作集结而成的文集和《黄帝内经》便是公元前东西方的两大医书。由此可知，芳疗是人类对“香”应用的共通理念。

本是王公贵族玩赏物

三国时期，南方的吴国和东南亚及西方的海上贸易较为发达，迷迭香就在此时经由商人自罗马帝国传入中国。魏晋南北朝时期，陆上和海上丝绸之路经贸开始活跃，东南亚、南亚及欧洲许多“真正的香料”，如龙脑、龙涎香、檀香、沉香、安息香、苏合香、鸡舌香（丁香）、乳香、没药等，也大量引进中土。佛教在东汉明帝时期传入中国后，伴随佛经而来的还有印度的香料。虽然在汉代，外来香料已是王公贵族的玩赏品，但直到宋代以前，这些香料除了应用在祭祀、宗教外，使用得并不普遍，只作为宫廷奢侈品，这和西方世界非常相似。在古埃及、希腊、罗马，也只有国王宗室、祭师、贵族，才能享有香料的掌管及使用权。

丁香

檀香与沉香

各种香料制成的粉末

汉代开启了中国香文化的大门。在汉武帝之前的西汉初期，帝王皆信仰道家神仙之说，熏香已流行于贵族阶级，且专门设计香炉（博山炉）来装盛熏香料。直至魏晋南北朝的七百多年间，香炉一直盛行不衰，且南方比北方更为流行，还一度漂洋过海去了南洋。此外，用来熏衣物的熏笼、熏被子的熏球等香具，也是汉代王墓中常见的陪葬品。湖南长沙马王堆汉墓出土文物甚多，其中也发现许多青铜蒸馏器，证明早在公元前 2 世纪左右的汉代，已经有了蒸馏技术。

唐朝愈玩愈讲究

隋唐时，西域的大批香料由丝绸之路源源不绝运抵中国。唐代开始，阿拉伯人到中国经商、朝贡、学习和旅行，也把当地的玫瑰香水带进中国，称“大食蔷薇水”“大食水”或“蔷薇露”。到了北宋，阿拉伯人的蒸馏萃取技术已流传至两广到闽浙一带。大唐盛世下社会富庶繁荣，伴随着香料贸易，出现了专门经营香料的商家。此外，许多文人、药师以及宗教的参与，使人们对香料有了更深入的研究，将用香文化提升到更为精细、讲究、专业的境界。

唐代高宗、玄宗、武后等都是著名的爱香人士，也大多信奉佛教。佛事中都要上香、焚香及以香汤浴佛，此时香料的使用量及种类，远远超过前代帝王。对比汉代盛行的香炉，唐代则出现了用来熏蒸环境带有金属提链的香球以及供佛的手持长柄香炉（手炉）。这些香具在敦煌壁画中都可以看到。总括而言，由王公贵族引领的这股潮流，为香料普及于民间奠定了基础。

合香极适合作为室外熏香

日本香道源于唐，再传回唐

唐朝僧人鉴真和尚在公元 754 年成功东渡日本，不但将佛教的戒律传到日本，也将中国的医药、香、茶、字画等带了过去。当初鉴真大和尚带了 36 种药草，其中如细辛、肉桂、香附子、厚朴、苍术、紫苏等芳香药草，就有近 10 种。精通医术的鉴真和尚圆寂后被誉为“日本汉方医药始祖”。日本最后将唐代的香文化发展成一门修身养性的香道，与花道、茶道并称日本的“雅道”。日本香道的用香方式，不是直接以火燃香，而是将预热烧红的炭种埋入灰中，再于灰上放一层传热的薄片（云母片），最后将单一香料或调制的香丸放置其上，利用热将香气逼出，有人称为“煎香”。此种用香方式又传回中国，晚唐诗人李商隐的《烧香曲》中有一句“兽焰微红隔云母”，写的就是这个熏香过程。

艾草是东方常用的药草，医书上也多有提及

飞入寻常百姓家

到了宋代，香文化已经普及百姓的衣食住行。由于香料的消费量极大，对外贸易中，香料的进出口量占了首位。关于香具，相较于汉唐工艺精美但冶炼耗时的铜制香炉，宋代以后大量生产的陶瓷香炉，更适宜民间使用，这也是香料能够在民间普及的重要原因之一。

普通百姓生活中，居室厅堂时刻要有熏香，各式庆典场所甚至科举考场都要焚香，很多酒楼、茶坊及其他公共场所，也都用香。因此，有一种特殊行业出现了——专责焚香的香人、香婆。市集上专卖香料的店铺也相当普及，人们不仅可以随意买香，也可请专人上门制香，祭祀、熏燃、佩挂、化妆所用物品及纸张、铭印、墨宝等物品中，都调入了香料。

为香道著书立说

在元明两代的对外经济贸易中，香料也是主要商品之一，马可·波罗在《东方见闻录》中提到，在欧洲人到达东方以前，香料贸易是以中国人为主的。

中国人对香之喜好，在宋元明清的史料、诗词、小说中，展露得淋漓尽致！文人雅士不仅品香，还能自己炼香，香谱类专书也相继问世。其中明代周嘉胄所撰《香乘》尤为丰富，全书共二十八卷，包括香品、佛藏诸香、宫掖诸香、香异、香事分类、香事别录、熏佩之香、香炉、香诗、香文等，举凡有关香料品名、来由及各种用香方法，一应俱全，集明代以前香文化之大成。

李时珍的《本草纲目》也有很多偏重于医疗的香料应用方式。例如：用香附子煎汤沐浴可治风寒风湿；将乳香、安息香、樟木一起燃熏，可治晕厥；将沉香、檀香、降真香、苏合香、樟脑、皂荚等一起焚烧，能预防传染病蔓延；含细辛，可去口臭等。《本草纲目》中提到许多用熏香止瘟疫辟恶气的做法，和中世纪的欧洲是一样的。某些香料如迷迭香、安息香、肉桂、胡荽、乳香等，东西方文化皆通；甘松、泽兰、牡荆、艾、樟脑、麝香、木香、茅香、山柰等，则多见于东方。

清朝的反香之道

清中叶至民初，西方势力在东方进行各种掳掠，内忧外患下，人们广泛接受西方现代文化思潮。曾对香文化发展着力不少的文人，价值观已然改变，用香的闲情逸致，已成为不合时宜、落伍的象征。熏燃香料甚至被认为有害健康。以往香文化所代表的净心明志、修身养性的观念，也被视为态度消极而受到不少贬抑。香文化于是日渐式微。

此外，19 世纪末，西方化学合成香料相继问世，工业化生产的香水，也在晚清进入中国，人们接触到的香料种类更胜以往。然而，许多人造香料模糊了人们对天然气味的需求，中国的香文化也因此受到重创。对钟情于天然香气的人而言，化学玫瑰香精的气味闻起来，充其量只能说是玫瑰僵尸。

台湾香

台湾的香文化主要表现为制香、烧香，敬拜祖先神明，或于端午节悬挂艾草、菖蒲等习俗，熏香、品香、煎香等怡情养性的方式，则较为罕见。

纵然如此，台湾早在明末清初就出现了生产樟脑油的香料产业，且在日据时代成立专卖制度，产量全球第一。1912 年，日本人引入香茅，于三义、大湖一带种植，开启了台湾香茅产业，到 1951 年左右，产量达至高峰，台湾成为世界香茅油的交易中心。可惜的是，樟脑油和香茅油最后都不敌人工合成品，于 20 世纪 60 年代变成历史。1970 年左右，台湾林业试验所曾做过伊兰伊兰精油的萃取试验，但产量并不理想；嘉义地区也曾生产茉莉和夜来香粗制精油，再运至日本精制，却因品质及成本的问题而终止。

反倒是拜近年来芳香疗法盛行所赐，我们得以在日常生活中接触各式各样的天然香料。怀抱自然和朴素的生活价值，循着香气，再度找回香文化的记忆。虽然香文化内涵中的新旧思维依然受到考验，但人类天性爱香、追求善美的本质，却是亘古恒常。

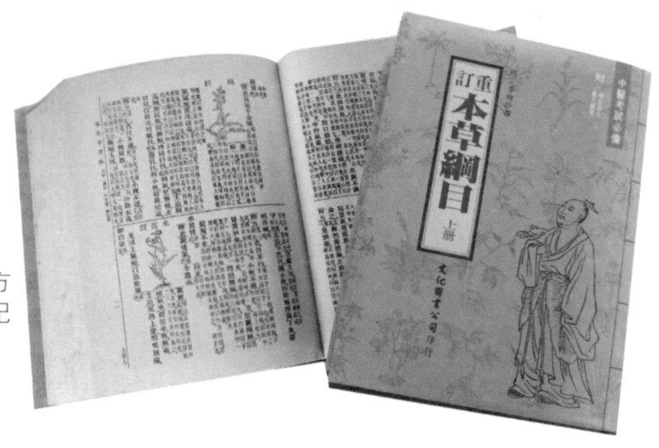

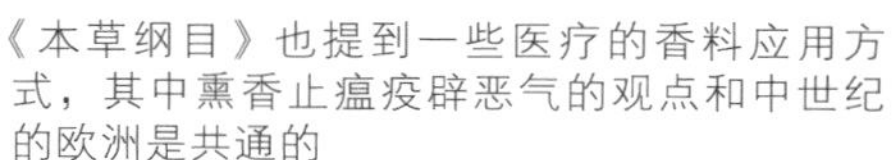
《本草纲目》也提到一些医疗的香料应用方式，其中熏香止瘟疫辟恶气的观点和中世纪的欧洲是共通的

现代香水的出现

7 世纪，阿拉伯人控制了地中海地区并占领北非，掠夺了大量希腊和罗马的医学典籍。药草学研究增进了香料提炼萃取的化学工艺，直接影响到芳香产品的样貌。

最早以水蒸馏提炼香水的记录，出现在阿拉伯炼金术士留下来的文献中，里面提到玫瑰和树脂的蒸馏液。10 世纪末，一位阿拉伯医生阿维纳森（Avicenna）发明了水蒸气蒸馏法，让水蒸气通过香料，将香气成分（精油）分离出来。不过，这种提炼方式一直到十字军东征之后，才传回欧洲。

匈牙利水 Hungary water

13 世纪末，十字军最后一次东征带回许多伊斯兰教的文化、工艺以及香水制造技术。当时，黑死病席卷欧洲，人们相信焚烧香料或香药草，如肉桂、迷迭香、百里香等，能抑制黑死病，便由僧侣负责教民众药草学知识，他们多半在教会院内种植芳香植物，也不断尝试提炼精油。直到 16 世纪末，黑死病威胁解除，欧洲人对于各种香料或香药草的研究已经有了充足的资讯，植物的应用也从疾病防治、医疗、烹饪、园艺等，扩展至香水、化妆品等生活中的各个层面。

从芳香植物中提炼精油，让香水创作迈入更新的领域。第一瓶以酒精为载体的香水——“匈牙利水”，即以薰衣草、迷迭香、百里香为主要香料成分调制而成

现代香水的滥觞，亦即第一瓶以酒精为载体的香水，是14世纪匈牙利皇后伊丽莎白要求皇室僧侣为她制作的“匈牙利水（Hungary water）”。对天然香水来说，此意义重大，因为“匈牙利水”乃纯手工制作且取自天然材料。这款工艺繁复的香水配方，只有以迷迭香、百里香、薰衣草为主的七八种成分。据说可以使肌肤紧实有弹性，在欧洲皇室之间流传了几百年。现今，如果想闻这款古老的香水，可至巴黎凡尔赛区的香水博物馆（Osmothèque），据闻过的人所言，它像药草味。

这瓶由意大利圣塔玛利亚制药出产的单一花香香水，是秉持百年传统制作的天然香水

从意大利到法国

16世纪，法国人发明了香水手套，这项发明的关键在于香料提炼技术的发展。此时，人们已经知道香气成分可以溶解在酒精中，利用酒精协助香气散发。当时的手套以牛皮制成，充满一股刺鼻的皮革气味。因此，法国人将手套用香料熏香或以香水浸泡，此举备受欢迎，随即风靡欧洲许多国家。公元1537年，英国牛津伯爵（Earl of Oxford）送了一副香水手套给英国女王，女王从此迷上香水，并鼓励老百姓调制，由此开启了英国的香水工业。

欧洲是香水的大本营，尤其是法国，法国是什么时期，又是什么原因开始和香水的关系变得如此紧密呢？14世纪，意大利兴起文艺复兴运动，当时贵族对于化妆品的讲究带起了一股时尚潮流，香水又流行了起来。虽然意大利因为文艺复兴运动摇身一变成为经济繁荣、文化荟萃之地，可是在政治上却面临分崩离析的状态。于是引来法王查理八世的觊觎，他举兵入侵，结果法军大败，退出意大利返回法国。战败的查理八世从意大利带回了香水，回国之后，随即设置专属的御用香水师职位，专门为他调制香水。自此，法国贵族阶层开始流行使用香水。

香水不仅是艺术品，更充满了创意与故事。自里到外，集合了香水师、美术设计以及香水公司的理念。有时，一款令人爱不释手的香水包装，更可直接虏获消费者的心

第一款添加人工香豆素的合成香水——Fougère Royale by Paul Parquet (Houbigant)。图引用自维基百科

意大利对于法国香水的影响还不止于此。16 世纪，意大利公主凯瑟琳・德・梅第奇 (Catherine de Medici) 嫁给了法王亨利二世。这位公主也有专属的香水师，在她的引领下，法国的制香工艺水准大幅度提升，而且将香水变成了巴黎的时尚指标。到了 17 世纪末，香水有了崇高的时尚地位象征，一个人的身份愈显要，所用的香料也愈高级。法王路易十五在他的“芳香宫廷 (La Cour parfumée)”中规定，贵族在一周内，必须每天擦不同的香水。

合成香水百花齐放

早期的香水大多在王室贵族之间流传，仅有少部分社会地位较高的平民才得以享用。一直到 18 世纪初，“科隆香水 (Eau de Cologne)”出现，香水才逐渐普及于社会大众。到了 1882 年，霍比格恩特 (Houbigant) 香水公司推出一款名为 Fougère Royale 的香水，添加了人工合成的香豆素，自此开启了合成香水的时代，这也就意味着，完全由天然香料萃取制作的香水将慢慢成为历史。

19 世纪末以来，由于化学合成香料的出现，香水的发展百花齐放、百家争鸣。芳香植物受限于气候、人工、产地，品质掌控不易，再加上政治等因素影响，价格比化学合成品高得多。再者，石化产业催生了化学合成香料，种类琳琅满目。

随着自然风的盛行，以天然香料调制香水已然成为一种时尚，有不少香水师纷纷加入此行列。（图为作者以己烷萃取的天然玫瑰花香）

作者早期的香水创作，多以市售精油、原精调香，当时还不知如何自行萃香。这些试验香水多半还躺在冰箱中，时过经年，再将这些天然香水拿出品赏，果真验证了天然香水“愈陈愈香”的说法

当然，若将香水师比喻为画家，谁不乐于拥有千百种彩绘颜料呢？曾有人形容，天然香水是一种具象式的香水，用多一点玫瑰做出来的就是玫瑰气味的香水；多一点茉莉花，就是茉莉花香水；而古龙水简直就是柑橘香水的代名词。然而，化学合成香料却开启了香水的印象时代，充满想象力，化学合成香水闻起来已不再是一朵花，而是一幅莫奈画作！

香水的印象派

20 世纪，化学合成香水主宰了一切，人们可以用“比翼双飞（Nina Ricci L'Air du Temps）”来装点爱与和平，也可以寻得一瓶“鸦片（YSL Opium）”来麻醉失落心情。大量制造、品质稳定、售价不高，使香水不再遥不可及。

直到 20 世纪末，因为环境污染、化学物质残害事件频传、网络的发达以及芳香疗法的推广，天然香水才又得以被重新认识。许多半路出师的“鼻子”，开设网站、创立品牌、推销理念并教育大众。作家兼香水师的美国人曼迪·阿芙特（Mandy Aftel），即是最成功的例子。2006 年，在国际上诞生了一个以天然香水为旗帜的组织—— The Natural Perfumers Guild，这个组织以网络联结了许多业余（独立）香水师，他们坚持以 100% 天然原料来制作香水。至于何谓天然原料，在他们的网站（http://naturalperfumers.com/）中有详细而严格的定义。

各种以天然香料萃取的原精与精油，丰富了调香师的调香盘

现代版天然香水

然而，人们对于香气的喜好非常主观，我闻起来带有茶香味的快乐鼠尾草，别人或许觉得是男性汗水味；张狂浓烈的夜香木，总令我陶醉不已，却也有人感到窒息。同样在香水中，有人偏好天然气味，也有人喜欢化学合成香水，所以近几年，出现了所谓“New niche perfume”的香水形态，它主张回归现代香水的起源，呈现一种人工与天然互补的香水艺术，可谓现代版的天然香水。

从香水材料的选择、重现传统香水的内涵、对生态环境议题的重视到理念想法的创新，“New niche perfume”已经是香水业的一个趋势，甚至某些主流香水业者也产生了兴趣，当然许多独立调香师也看到了这种符合天然理念、充满创意的消费市场。大致而言，天然香水完全不含化学合成香料，而现代版天然香水则允许含有少量“天然单体香料”[①]。我想，这对于追求天然美好气味，却又苦恼于天然创作材料较缺乏的香水师而言，不失为一折中之道。

① 天然单体香料指的是，使用物理或化学方法，从天然香料中分离出单体香料化合物，它的成分单一，具有明确的分子结构（详见 145 页）。

气味在动物界的妙用

Calvin Klein Obsession for Men，此款香水很能吸引大型猫科动物。图片引用自维基百科

打开心灵的鼻子，生活中无处不飘香，尤其走进大自然，你绝对可以在四季中嗅到各种植物的芬芳。人类的五种感官中（现在证实有第六种感官——机体模糊知觉），嗅觉向来被严重忽视，但也有许多现象显示，嗅觉在静默中起了最关键性的影响，例如择偶。

气味能吸引异性

以生物演化观点而言，雌性动物多是通过体味，选择与自己的MHC[①]差异大（互补）的雄性为交配对象。瑞士伯尔尼大学的动物学家 Claus Wedekind，在 1995 年也验证了异性人类间的相互吸引，与 MHC 和体味有关。人们对于特定气味的香水或古龙水的偏好，与自身的 MHC 有关。也就是说，MHC 基因型相似的男性，可能选择使用相同的香水，强化自己的体味。因此，每位香水使用者，都希望另一半喜欢他们所使用的香

① 每一种生物，都具有内在及外在的基因表现。人的免疫系统则由一组复合基因所组成，称为主要组织相容性复合体（major histocompatility complex，简称 MHC）。除同卵双胞胎外，每个人的 MHC 都是独一无二的。人类的 MHC 就是免疫系统的基因型，而这组基因的表现型就是体味。

水，香水并非只是用来掩饰体味，在潜意识下，反而更是为了突显或模拟自身的体味。

用香水吸引异性，不是人类的专利，有些动物也会。例如野生蜘蛛猴会用唾液混合数种芳香植物，涂抹在腋窝和胸部，且雄性蜘蛛猴比雌性更频繁使用此方法。以往动物学家认为，灵长类动物以特定植物擦拭身体，是用来防止昆虫叮咬，然而科学家猜测，蜘蛛猴应用芳香植物类似人类擦香水，是具有社交功能的，除了显示自己在族群中的地位，也为了增加对异性的吸引力。

猫科动物也有独特品位

猴子和人类都是灵长类动物，以香味吸引异性或许不足为奇，但是猫科动物也喜欢特殊气味的植物，这就非常有趣了。养过猫的人都知道，某些芳香植物（荆芥属）会引发猫的异常行为，如发出低鸣声、磨蹭、翻滚、啃咬、舔舐或跳跃等。老虎、狮子、猎豹等绝大多数的猫科动物，对富含荆芥内酯（nepetalactone）、猕猴桃碱（actinidine）的植物，也会有同样的反应。不仅如此，国际野生动物保护学会（Wildlife Conservation Society）曾测试大型猫科动物对各种香水的反应，结果发现，在 24 款香水中，Calvin Klein 的 Obsession for Men，最能吸引它们驻足。

科学家为了估计中美洲玛雅生物圈保护区（Maya Biosphere Reserve）里的美洲豹族群数量，将沾有 Obsession for Men 香水的布，放在红外线自动相机旁，受到吸引的美洲豹走到镜头前就会被拍下来。用这个调查方法，美洲豹被记录到的数量是以往的三倍，而且香味也能引来 800 米之外的美洲狮、虎猫等猫科动物。

此款香水有什么特别之处？为何能撩拨动物的好奇心？根据 Calvin Klein 官方公布的香调，香水里的麝香成分似乎是唯一可以得到的解释。麝香是公麝鹿在求爱季节散发出来吸引母鹿的气味，或许含有麝香的香水，远远地就能勾人，而不只是猫科动物。

辨识气味

许多原精（absolutes）在稀释后，会感觉比较贴近自然花香。然而，闻到气味并不等于认识了气味，专业香水师、调酒师也许可以分辨出十万种不同的气味，专家与一般人的嗅觉能力，有时差别就在于训练。

情绪也是一种气味

在生活中，和视觉、听觉、触觉及味觉相较，嗅觉似乎最微不足道。但对于动物来说，气味往往能支配行为。然而，人类毕竟经过高度演化及抽象认知过程，情绪往往才是促发行动力的根本，心情好的时候，即使“外面在下雨，可是我心中有太阳”。

情绪之于人类，如同气味之于动物。气味直接传达给动物某种必须行动的讯息。对于人类来说，气味则被转译成情绪，此作用称作“嗅觉——情绪转译”，也就是说，嗅觉和情绪之间是相互联系的。

气味与情绪的神经系统都位于脑部的边缘系统，这里是脑的原始核心，生理学上称嗅脑（rhinencephalon），因为爬虫类也具有这个部位，所以也称爬虫脑（reptilian brain）。在边缘系统中，主要与嗅觉神经中枢互动的部位是杏仁核（amygdala），也是脑部掌管情绪的区域。人们察觉到某种气味时，杏仁核便被刺激活化，活化愈强烈，代表人们对此气味有愈多的情绪。

嗅觉是唯一直接影响杏仁核（控制人类情绪的脑部知觉系统）的因子，许多研究发现，嗅觉缺失症与抑郁症有很大的关系，等于直接说明了气味、嗅觉、情绪这三者密切相关！设想，身处一个开满茉莉花的农田，却闻不到一丝香气，多么令人沮丧啊！或许眼睛还能欣赏花，但少了气味，茉莉就不再是茉莉，不是吗?

好恶因人而异

曹植在《与杨德祖书》中说："兰茝荪蕙之芳，众人所好，而海畔有逐臭之夫。"此乃通过气味，说明文章的喜好因人而异。那么，影响气味偏好的原因又是什么呢？任教于美国布朗大学的嗅觉心理学家雷切尔·赫茨（Rachel Herz）提出了下列几点观察结论。

1. 气味联结学习	文化背景差异与个人对于气味的经验有关。例如我们觉得美味的臭豆腐，对西方人来说简直是噩梦；瑞典人喜爱的具有腐尸气味的鲱鱼罐头，却位列全世界最臭的食物榜首。
2. 三叉神经刺激	切洋葱时流眼泪、吸入胡椒粉会打喷嚏等，就是因为气味刺激了三叉神经。
3. 基因不同	嗅觉受器基因在个体之间存在着差异，因此发挥的作用都不一样。比如，别人闻得到树兰花的香气，我则怎么用力也闻不到。
4. 心理因素	气味、嗅觉与情绪之间，有根深蒂固的相关性及互动性。正如辛晓琪歌词中"想起你手指淡淡烟草味"就想起"记忆中，曾被爱的味道"。我们之所以对不同气味有所好恶，是因为个人经历及历史文化与某种气味相关，既赋予这些气味种种特征或含义，又强化了对此气味的偏好。

有人钟情于玫瑰的甜美，有人偏好茉莉的性感，也有人沉浸于檀香悠远的意境，而我对柑橘类的花香有说不出的喜好。不管是金桔花、橘花、柚子花、苦橙花、柠檬花或是柳橙花，置身一株盛开的柑橘花树下，总会让我有如置身天堂的感觉，无论多沉重的心情，只要闻到柑橘花香，就可引领情绪飞扬起来，就像坐火车旅游，靠在窗边望着远方天光云影幻化，思绪像只隐形的鸟愈飞愈高愈远……

记忆的最佳线索

气味不但诱发情绪，还能召唤久远的记忆。至今只要闻到某品牌的香皂味，早年初尝男女之欢的场景便历历在目。又譬如闻到姜味，忆及的倒不是美味的麻油鸡或姜母鸭，而是幼时，爷爷带我坐在旗山中正公园石阶前，一起享用切盘姜汁番茄的画面，气味就这样与记忆联结。

气味所唤起的记忆又称“普氏记忆”（Proustian memories），此名称源于法国作家马赛尔·普鲁斯特（Marcel Proust），他的著作《追忆似水年华》，最常被引用来说明气味如何唤醒记忆。然而，实际的生理运作情形仍不太清楚，记忆究竟是埋藏于心里还是深藏在脑海中？可不可能记忆也藏在身体所有细胞中呢？目前并无确切答案，唯一可以确定的就是，气味乃记忆的最佳线索。

气味活化我们的嗅觉神经，随之引起许多情绪反应；在我们的生活环境中，到处充满气味，那夜香木的花香可曾影响你的情绪

柠檬香茅经常出现在居家保健、清洁用品中，它的气味是否与你的哪些记忆联结

Part 2

香气萃取与调香

叶子恋爱时变成了花
花朵崇拜时变成了果
——泰戈尔《飞鸟集》

用来调香的精油、凝香体、原精、天然单体等芳香，物质，多半来自植物的花叶、果实、种子、根茎、树脂、树胶，以及少数来自动物、矿物，而能被萃取出芳香物质加以应用的即是香料。早年，人类祖先深谙其道，以炼金手法，让蓄满如爱恋般能量的香料蒸腾出香气，再借着香气神游天人之境；未几，香气开始了信仰，于是有艺术修养的鼻子（调香师）们，以工匠手法，精巧善待着蕴含各式情怀的香气，将之化作香水。

古今中外，人类发明出各种萃取技术，用来浓缩、保存香料中的芳香物质。从原始的浸泡、蒸馏，到现代的分子蒸馏技术，萃取方法五花八门，也各有利弊。譬如蒸馏法，虽然能得到纯净的精油，但因为高温，某些细致脆弱的芳香成分几乎无法保留，尤其是娇柔的花朵。而新兴的超临界流体萃取技术，纵然能在温和的条件下，得到较佳的产量与品质，却也因为专业设备成本过高的限制，绝非一般家庭可以承担。

不过，芳香来自生活，亲自操作、观察、感受萃取出来的香气，不一定要制作什么产品，光是过程，就足以让人发现另一种生活样貌，或许生命也就此转化了。只要了解几个简单的萃取香气的方法，无需昂贵设备，也可以在家享受自己萃香、调香的乐趣。

1

合香法

直接调和香料粉末

合香法始自东汉，随佛教传入中国。合香乃调配多种香料而成，形式种类有粉状香末、块状香木、膏状香泥等，主要用作熏香、焚香、燃香，也可以用作敷抹身上的涂香。合香，类似香水中的调香，差别只是合香的气味分子来自熏燃后的气体，香水的气味则是在熟成后的液体中交糅转化。

唐代之后，合香观念开始遵从君臣佐使的原则，进行配伍、炮制，再按照节气、时辰配料，最后窖藏至少一年，才能使用。每款合香皆有名目，也都有其作用，例如《香乘》所记载的“蝴蝶香”，配方是檀香、甘松、玄参、苍术各二钱半，丁香三钱，研成粉末后以蜜提炼，做成饼状，于春天的花园熏燃，可以吸引蝴蝶前来；“窗前省读香”的配方是菖蒲根、当归、樟脑、杏仁、桃仁各五钱，芸香二钱，研末以酒调和，捻成条状，读书有倦意时焚燃，可以爽神不思睡；“醍醐香”的配方是乳香、沉香各二钱半，檀香一两半，研末后再加入一点点麝香，用蜜调成饼状，据说闻了通窍爽朗，令人舒适陶醉。

古人制香讲究香料之间的搭配，制作流程也马虎不得。或许对于一切讲求速度的现代人来说有些不可思议，但我们仍可就近于中药店购得粉状香料（芳香中草药），参考前人配方或自行搭配试着合香，将粉末香料置于钵中或罐中调和之后，直接熏燃即可，或是制成固体合香后再使用，也是可以的。

合香在形式上，可分为粉香、锥香、线香、干燥中草药

柑橘类的果皮要先行切细后阴干，图为柚子皮与柳橙皮

捏塑成形的合香，很适合室外熏燃，让淡淡清香飘入室内。香气就取决于选择调配的香料

蜂蜜是调配合香最方便的黏合剂

白芨是地生性野生兰花，未开花时，像一般的禾草。它的根部除了当药用之外，也常被用来当作合香的黏合剂，中药材店可以买到

制作固体合香的黏合剂可用香楠粉、蜂蜜或白芨粉，既能定形，又不影响香气表现。另外，我会在配料中添加少许碳粉，因为碳粉可以稳定燃烧速度。固体合香可做成丸状、饼状、锥状或条状，若要制作线香，可将调配好的合香材料装填入大号的灌注器（注射筒），挤压出线条状，待风干之后便可燃香。

台湾的气候及环境多潮湿，尤其梅雨季节一到，心情简直也跟着要发霉了。这时候，熏燃一炉合香，不仅可以消除低迷氛围，也可以芳香化湿。对燃烧产生的烟雾过敏或不喜者，可以利用一般市售的精油熏香台，模拟煎香方式熏香，以蜡烛燃烧产生的热能将香料香气逼出，不同于燃烧而来的香气，煎香产生的香气较为清淡幽远。

合香制作法

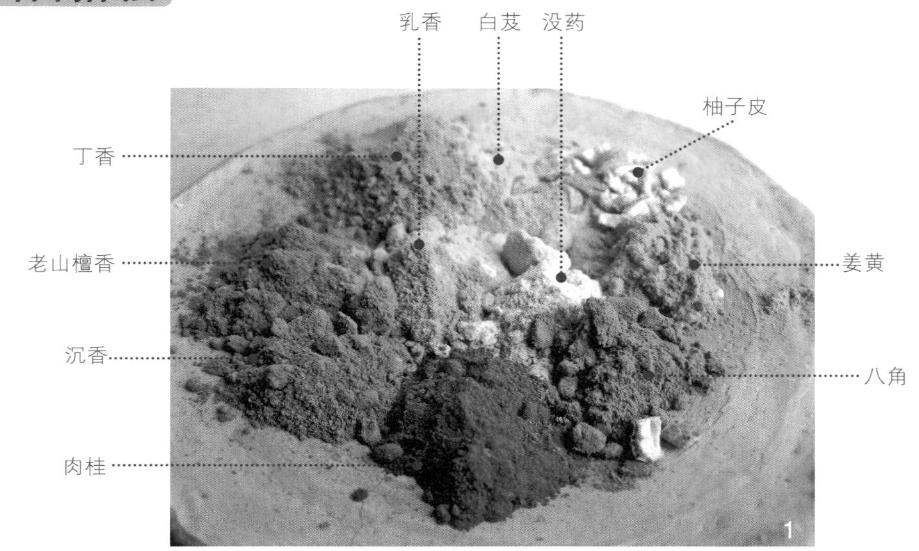

1. 调配各式香粉（图中的香料粉末有老山檀香、丁香、姜黄、白芨、乳香、没药、八角、柚子皮、沉香、肉桂）。
2. 装入罐，均匀调和粉末。
3. 调入黏合剂（蜂蜜）后就可塑形，再放至通风处干燥。
4. 完成后的锥香。

合香粉末也可不必塑形，直接用蜡烛精油熏香台以煎香的方式加热，缓慢释放出香气

2

浸泡法

以植物油、乙醇溶出香气

浸泡是最简单的萃取方式，直接将香料浸泡于溶剂中，将芳香物质溶出即可。溶剂有纯水、甘油、植物油、矿物油（白油）、乙醇、己烷等，视材料与想制作的产品来选择。譬如想萃取单宁酸等水溶性成分，就用水、甘油或乙醇；想萃取芳香物质等油溶性成分，就用植物油、乙醇或己烷；如果都想萃取，用乙醇就好了；想制作按摩油则用植物油浸泡；制作香水当然以乙醇或己烷来浸泡萃取。一般不建议用纯水及甘油萃取，因为大部分芳香物质不具亲水性，水溶液萃取极易腐坏。

萃取前，部分材料要先做处理。例如肉豆蔻、白豆蔻等坚硬材料必须先磨碎；草叶类等新鲜材料要先阴干，再裁成细段，使香气能比较有效地被萃取出来。

浸泡萃取中的相思树花油

将处理好的薰衣草装入瓶中，再倒入植物油，经过替换浸泡油中的新旧材料、反复萃取，就能得到饱含香气的薰衣草油。由于是天然植物油，可直接用来按摩皮肤或当作香水油

浸泡前的香料材处理

1. 坚硬材料必须先磨碎。（图为白豆蔻）
2. 生鲜香料材要切细后阴干，再装瓶。（图为茱莉亚薄荷）
3. 没有香气的花梗、枝条要先去除。（图为桂花）
4. 搜集有香气的果皮，去掉果肉部分，并切碎。（图为各种柑橘类果皮）

用滤茶汤的简单过滤器，就可以分离植物油与释完香气的香料材。（图为薰衣草浸泡米糠油的粗过滤）

完成的植物浸泡油，用处很多，若以蜂蜡为乳化剂，还可制作面霜或芳香乳液。（图为用雷公根浸泡油做成的滋润面霜）

提炼饱含香气的植物油

用植物油萃取是最天然、简便的方式，但务必要先将香料干燥，否则容易酸败。橄榄油、甜杏仁油、分馏椰子油（冬天也不会硬化）、荷荷巴油，都是不错的选择。经过替换浸泡油中的新旧材料、反复萃取，就能得到饱含香气的植物油。

以分馏椰子油浸泡薰衣草为例：选择一个干燥玻璃空瓶，将薰衣草材料置入瓶内约 3/4 满，随后注入椰子油，至刚好淹没薰衣草为止，旋紧瓶盖，静置一个多月，最后以纱布过滤残渣，成品就是可直接拿来按摩、涂抹或调香的薰衣草椰子浸泡油，也是制作香水油（perfume oil）很好的基底油。若要再加强薰衣草香气，可以将过滤后的浸泡油进行多次反复萃取（浸泡→过滤→再浸泡→再过滤……）。当然，不一样的材料，所需浸泡萃取的时间也不相同，做法甚至因人因地而异。例如欧洲传统以疗效为诉求的浸泡油，是必须晒太阳的，经由阳光的温热，将植物中的有效成分溶出来。浸泡植物油，最怕花草材料没有完全干燥而导致发霉。这是一门学问，有兴趣的读者可以参考商周出版的《植物油全书》。

矿物油品质稳定、透明且无味，用来纯粹萃取香气也是不错的选择。只是萃取液不能直接使用在皮肤上，最后还要再用纯乙醇将香气自矿物油中萃取出来。方法是直接将乙醇倒入矿物油萃取液中，然后旋紧盖子，剧烈摇晃，静置数十分钟，由于乙醇和矿物油无法相融，最后会自然分层（乙醇密度比油低），再将乙醇分离出来，装入另一瓶中。这时，原本矿物油中的香气成分，已经融入乙醇中了，此称为“乙醇萃取液”，可用来当作调制香水的基底酒精（或称香水基剂），直接拿来当香水使用亦无不可。此外，某些不怕加热的香料，如木香、香附、水仙，用矿物油以不超过60摄氏度的低温加热萃取，也有很好的效果。我曾用此方法萃取过中国水仙花的气味，得到的香气就像天然水仙花的气味一样美妙。

用乙醇制作酊剂

乙醇能将香气物质及亲水物质溶解出来，浸泡萃取方法如前述，萃取出的成品就是“酊剂”（tincture）。一般的药用酊剂，乙醇和水要有一定的比例，然而为了萃取更多香气成分，可仅用95%药用酒精进行（不加水）。同样用替换新旧材料的方式反复萃取，可以得到气味浓烈的酊剂。制成酊剂后，如欲将酊剂中的香气成分分离出来，可将己烷与酊剂以液对液方式萃取[1]，方法同前述之乙醇对矿物油萃取液，香气成分就会溶入己烷中，最后再将己烷萃取溶液以不超过60摄氏度的低温加热方式蒸发，留下的就是“凝香体”。如果萃取的材料原本就少植物蜡、色素、水分等杂质，那么萃取出来的就是“原精”。

若使用矿物油萃取香气，最后可再加入乙醇，以液对液方式，让原本矿物油中的香气成分融入乙醇后，再分离出乙醇萃取液，此成品可用来调制香水或直接当香水使用。（瓶中上层为乙醇，下层是矿物油）

① “液对液方式萃取”是利用物质在不同溶剂中具有不同溶解度的特性，将该物质由其中某一溶剂移转到另一溶剂中的一种方法。例如疏水性的正己烷和亲水性的乙醇彼此不互溶，将正己烷加入酊剂（乙醇）中，就可以将酊剂里面的芳香物质溶入正己烷中萃取出来。

酊剂的制作

干燥的天然香料材，很适合做成酊剂。用 95% 药用酒精直接浸泡，同样以替换新旧材料的方式反复萃取，可以得到气味浓烈的酊剂。

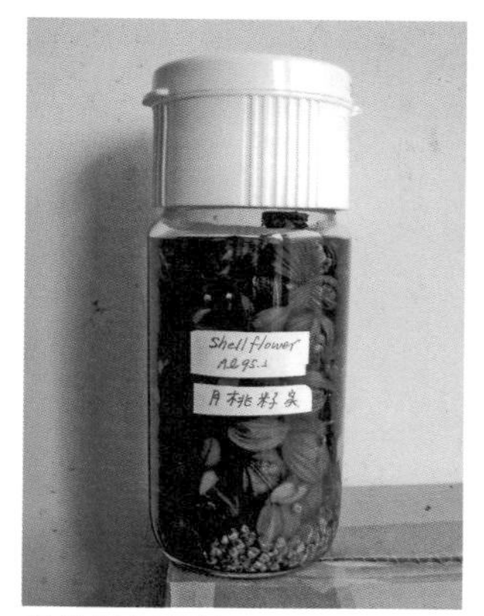

月桃籽实酊剂

乳香酊剂

安息香酊剂

曾以新鲜的睡莲、白兰花制作酊剂，也得到不错的香气萃取

过滤之后的各式酊剂，不仅方便调香，过程中更能体验不断变化的芳香

由于己烷是易燃性有机溶剂（沸点约 69 摄氏度），操作稍有不慎，极易引发火灾，建议将己烷萃取溶液委托有专业蒸馏仪器设备的机构或化妆品代工公司、学校等代为处理。再次强调，己烷非常容易蒸发、易燃，若真要自行操作，请务必戴口罩、眼罩，切勿吸入己烷气体（神经毒害），周遭环境也不容许有任何火星出现，尽量远离电器开关、厨房。

为了安全起见，我的做法是将己烷萃取液先少量（20 毫升）倒入白色瓷碟，再将瓷碟放入真空容器中让己烷自行蒸发，蒸发之后（己烷萃取液不再有液体流动，只剩下芳香物质）取出瓷碟，再利用橡胶吹尘球将可能残余的己烷吹除即可。当然，这种自行蒸发方式的效率是很低的，需要花费更长时间。

利用酊剂来制作香水似乎是一种过时的做法，至少在20世纪现代香水出现之后，这种方法几乎已被淘汰。然而在酊剂制作过程中，那种充满期待的炼金感受却又如此吸引人。因此，近几年天然香水的兴起又重新引起了人们对酊剂的重视，许多富有实验精神的现代天然香水师，也不断从制作酊剂的经验中去发现新的芳香气味。关于酊剂的制作，其实没有一定规则可循，从研磨材料开始，到与乙醇混合，到浸渍、过滤、熟化再过滤，所有程序亦非照本宣科就能有相同结果。因为酊剂本身就是一个不断变化且充满生命感的物质，只有实地操作，才能体验其与天然香料之间碰撞出的火花。

就我自己的经验，多数新鲜的植物并不适合用来制作酊剂，而干燥的芳香中草药、树脂、动物性香料，则非常适合做成酊剂使用。例如乳香酊剂、枫香酊剂，不但本身气味芬芳，也是很棒的香水定香剂[①]，另外白芷、麝香、香荚兰（香草荚）酊剂，也都能为香水带来超乎想象的效果。一般应用于香水中的酊剂，约只占所有香料的1%，甚至更低，可在调香的最后加入。如果乙醇已经用酊剂做先行定香处理[②]，那么就不用再添加了。当然，如果你高兴，也可以自由添加，或许你会做出一瓶很棒的酊剂香水呢！

① 定香剂，又称留香剂或固定剂（fixative），它可以延缓香气蒸散，让香料在皮肤上随着时间而产生不同变化。化学合成香水多以塑化剂当定香剂，天然香水领域则以挥发速度较慢的香料当定香剂，一些树脂、动物类香料，如檀香、没药、乳香、枫香脂、龙涎香、麝香、麝猫香等都是，另外像白芷、香葵、木香、岩兰草、橡树苔、岩玫瑰树脂、快乐鼠尾草凝香体、香荚兰等，也有不错的定香效果。

② 制作香水的乙醇一般来说会讲究些，气味太刺激的乙醇是不适合拿来做香水的，那会干扰到香气的表现。专业的香水必须要用纯度极高的蒸馏乙醇（葡萄酒蒸馏酒精），但在台湾很难买到如此高档的乙醇，所以变通的方法是将95%药用酒精先行去味，取乙醇量10%的活性炭粉及10%硅藻土加到乙醇里面，摇晃之后静置2个月，最后将乙醇用滤纸过滤出来即可使用。有时我会将部分去味后的乙醇先行定香，即以乙醇量2%的安息香、香荚兰酊剂、麝香酊剂、岩兰草或是橡树苔等香料，加进乙醇放置数月熟成。先行定香后的乙醇，已经不具酒精的刺激性气味，而且带着淡淡的香气，非常适合用来做香水。

己烷萃取液

己烷溶剂很适合用来萃取花类的香气，方法同乙醇，直接浸泡香料反复萃取，所得到的成品称为己烷萃取液。

1. 己烷萃取含笑
2. 己烷萃取桂花
3. 己烷萃取银合欢
4. 己烷萃取星星茉莉
5. 己烷萃取混合野花
6. 过滤之后的各种己烷萃取液

用花草茶过滤杯来过滤萃取材料，非常方便好用

原精的萃取

1. 将取得的己烷萃取液，利用酒精灯隔水加热，去除己烷溶剂之后，就能得到浓稠的原精。（图为荆芥原精）
2. 也可以用吹尘器加速己烷溶剂蒸发，再以刮刀搜集原精。（图为苍术原精）

3

挤压法

手工萃取柑橘类精油

挤压的方式，一般只用于萃取柑橘类精油。如果想体验居家萃取，可选择某些果皮较薄的柑橘类果实。

先选择一个附盖子的广口玻璃瓶，将柑橘垂直切成四等份，剥除果肉后的果皮直接以用手挤压的方式将精油挤入瓶内。依柑橘品种而异，通常约一百个柳橙可以获取 5 毫升的柳橙精油，冬天的油量比其他季节多。累次挤压入瓶的萃取液，除了精油，还包括许多水分、脂肪，所以在最后过滤精油之前，要先将萃取液放入冰箱冷冻，把一些游离脂肪固定下来，再以咖啡滤纸过滤。

柑橘之外的其他水果类，一般较难用挤压法萃取香气，但也并非全无可能。我尝试过将凤梨、香蕉、芒果、南瓜等气味芳香的蔬菜水果，先以搅拌机挤压搅碎之后，再以己烷溶剂进行萃取，萃取过程和浸泡法一样，很意外地，效果也不错。

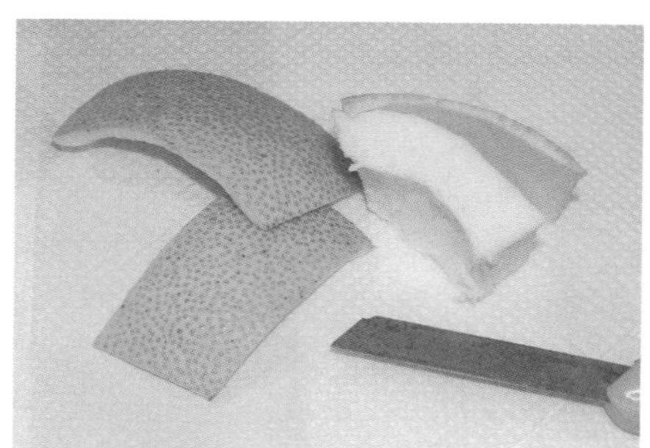

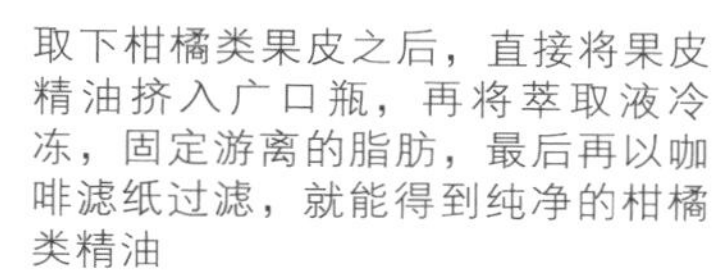

取下柑橘类果皮之后，直接将果皮精油挤入广口瓶，再将萃取液冷冻，固定游离的脂肪，最后再以咖啡滤纸过滤，就能得到纯净的柑橘类精油

挤压完精油后的柑橘皮，还可用乙醇浸泡做成柑橘皮酊剂，利用柑橘皮酊剂还可进一步制作清洁剂

将 1 份柑橘皮酊剂加上 3 份清水、0.7 份椰子油起泡剂、1 匙盐，即可制作简易清洁剂

4

脂吸法

用固体脂肪吸收香气

1. 先在盘面上抹平猪脂。
2. 再用刀子于猪脂上画线，以增加吸收面积，将鲜花花瓣轻放其上，让花瓣香气慢慢浸入猪脂。（图为茉莉花）

脂吸法源于法国格拉斯，是一种古老的香气萃取技术。和植物油浸渍萃取道理相似，都是利用芳香成分易溶于油脂的特性，将香气萃取出来，唯一不同之处在于，脂吸法是用固体脂肪。

传统上多用猪脂、牛脂进行萃取。这类脂肪在常温下呈软固态状，用来萃取花瓣香气最为适合。以猪脂为例，脂吸前须先将猪脂去味：取猪脂量10%的硫酸铝钾（明矾）水溶液，加入猪脂中，加热搅拌煮二十分钟，熄火，如此重复加热搅拌三次，再将猪脂置于冰箱中凝结，最后把多余水分沥掉即可。接下来，准备一个铁盘（或玻璃板），将猪脂平抹一层（厚度约0.5厘米）在盘面上，可于猪脂上以刀子画线，来增加吸收面积，再将鲜花花瓣轻放其上，让花瓣香气逐渐进入猪脂，等花瓣慢慢枯萎变黄之后，重新换一批新鲜花瓣，如此反复新旧替换，直到猪脂吸饱香气为止。可用手指轻沾约米粒大小的猪脂，抹在手上试闻，吸饱香气的猪脂不但留香持久，还会随着时间呈现出层次变化；而未吸饱香气的猪脂，香气一下子就消散了。不可否认，这的确需要经验。

茉莉花、晚香玉、小苍兰、玫瑰、香

水百合等花瓣，很适合用脂吸法来萃取香气，太细碎的花朵，如桂花就不适合用脂吸法萃取。我曾经以脂吸法同时萃取晚香玉、木兰、含笑、小苍兰、山素英、柚子花、曼陀罗等花香，将混合了多种香气的香脂在手上抹开来闻，霎那间便仿佛春天降临一般，美得让人无法置信。

吸饱香气的脂肪就是一种成品（pomade，称香脂），可直接当香膏使用；如果再将香脂加入乙醇，并以搅拌棒反复搅动，然后用滤纸过滤，就可得到充满花香的乙醇萃取液（又称凝香溶液）。这已经可以当作香水使用了，也可当作制作香水的基剂，将香料放入就可开始调香。或是利用低温减压蒸馏仪器（化学仪器店可买到）除去乙醇，可以得到脂吸原精（enfleurage absolutes），此种原精的品质比溶剂萃取的高许多，但制作过程繁复又费时，现已不多见。

在台湾如要用脂吸法萃取，一定要在冬天气温低的时候进行，否则猪脂会变得太软，操作起来非常棘手，除非有大型冷冻库或冰箱，那就随时都可进行操作。除了猪脂、牛脂等动物性脂肪外，我也用过无味凡士林。凡士林吸收香气的效果其实还不错，甚至比动物性脂肪还要好，只是要再将其中香气用乙醇萃取出来，就不是很理想了，因为凡士林质地太过黏稠。

各种花香的脂吸萃取

山素英

含笑

混合鲜花

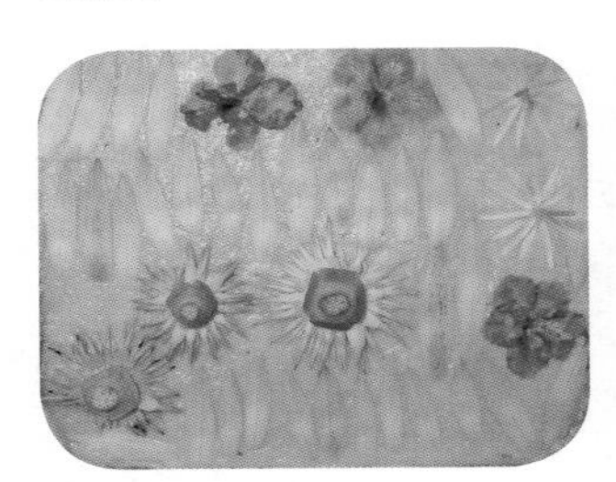

混合野花

混合野花

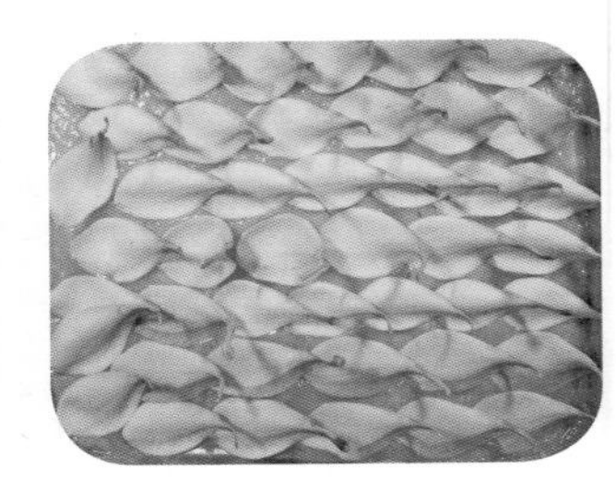

鸡蛋花

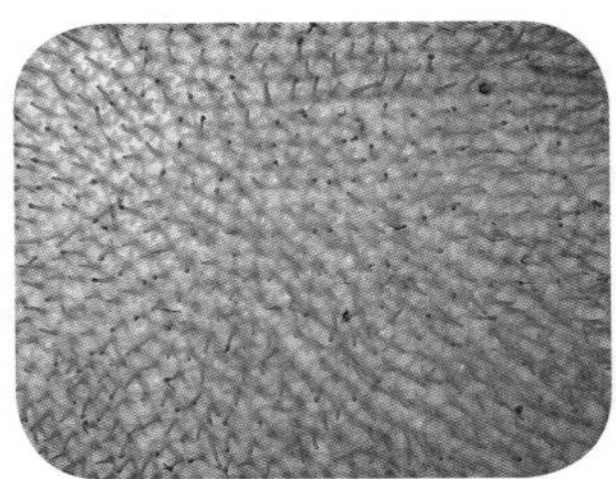

夜香木

对于又厚又大的花瓣，也可以直接涂抹猪脂

香水百合

木兰

乙醇凝香溶液

吸饱香气的脂肪，可以再用乙醇萃取出香气。将乙醇倒入装有芳香脂肪的瓶内，搅拌后静置一日，待乙醇与脂肪分层后，再将乙醇提出，即是乙醇凝香溶液，可直接当作香水使用

5

调香

调香是制作香水或香膏最核心，也最有趣的一部分。利用精油、原精、凝香体、酊剂来调香，有许多书籍可供参考，例如曼迪·阿芙特的《香水的感官之旅——鉴赏与深度运用》、李迎龙的《香水入门》。书中不但详细解说香料特性、调香步骤以及注意事项，也列有几种配方可以让人照之调配。

有人说调香是一门艺术，是“美”的过程，因为没有准则，所以艺术难于教授。然而也不必以为无从学起，只要不断地练习、试错并保有高度兴趣和创意，终能一窥调香艺术的奥秘。

那么如何开始呢？有人先从雪松、岩兰草等“底香”开始，再添入玫瑰等花香类“体香”，最后来到气味轻盈的“头香”，逐次、少量（以滴或是毫升为单位）调和香料，边调边嗅闻，感受不同香料组合所带来的变化。有人会将香料用乙醇稀释到 10% 的浓度再开始调香，也有人全凭喜好自由自在地创作，而熟悉芳香疗法中各种精油化学成分的人，可以用属性相似的材料（譬如芳樟、月桂、花梨木、高山薰衣草都是以沉香醇为主的香料）去调香。事实上，调香就如同绘画一样，胆大心细就是很好的开始。

自行萃取的各式原精，丰富了我的调香盘

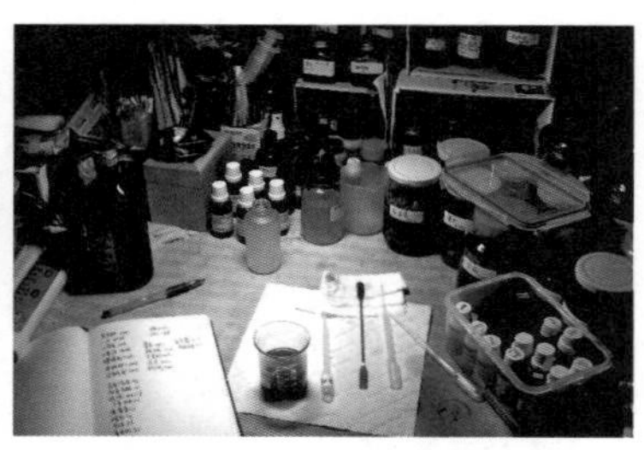

调香时一定要留下记录，内容包括香料种类、剂量、日期等

模拟香调也是调香的练习过程。此为我用丁香、橙花、伊兰伊兰，模拟的马拉克什香水

过去几年以来，我从市面上唾手可得的香料开始自学调香，在试错过程中享受天然香料带来的气味盛宴。从最简单而亲民的薰衣草、丁香、雪松、迷迭香、柑橘类开始，然后着魔似的寻找各种稀奇古怪的植物精油、原精或凝香体，只为“一亲芳泽”，不料，一投入便深陷其中！调香过程真如绘画调色般，只是最后成品是一瓶香水而非一幅画。每每接触到一种新的香料，我便钻研其来历、生物学资料、萃取方法、气味特质、类似气味的其他香料，最后甚至尝试自行萃取香气；也注意起这些芳香物质的化学成分等，搜集的精油、原精、凝香体等香料种类，不断丰富了我的“调香盘”。

在我练习调香三年多之后，已经大约熟悉市面上所有香料种类，深刻意识到仅利用精油、原精调香的不足，于是开始从生活环境中寻找值得开发的香料。从中药店到野外，自行萃取香料、纯化，再运用到调香中，我完全可以体会《香水》一书中的葛奴乙将钟表、废铁等丢进蒸馏炉中的兴奋，调香真的乐趣无穷。本书除了我自己萃取过的香料以外，也会将一些适合用来调制香水的精油、原精和凝香体一并介绍。

调香工具

所有调香工具都可以在化工材料器具店找到。需要准备烧杯、不锈钢搅拌棒、笔和记录本、玻璃瓶、滴管、标签纸等。使用的香料种类和剂量，一定要记录下来，否则当你调出一种喜爱的气味时却发现没有留下痕迹，殊为可惜。

精油、凝香体与原精

植物进行光合作用后，将部分养分转化成的芳香物质就是精油。它存在于植物的花朵、叶子、茎、树皮、树根和果实等不同部位的油腺囊中，具备调节温度、预防疾病、保护植物免受外来细菌及昆虫侵害的功能。一般，精油的萃取方式是蒸馏法。

溶剂萃取法之后，以低温加热方式将溶剂除去，所留下的第一道香气物质称为凝香体（concrete，又称净膏）。它是一种固体状蜡糊，由大量芳香成分、植物蜡、色素所组成，保有香料完整的天然气味，是我最喜欢的香水、香膏创作材料。

若再将凝香体用乙醇反复萃取，最后以低温减压方式除去乙醇，所留下的即是纯粹的芳香物质——原精（absolute，又称净油）。由于原精比凝香体多了一次萃取过程（原精萃取自凝香体），而且是浓缩后的成品，香气非常浓郁强烈，必须经过稀释之后，才会有天然气味的表现。

快乐鼠尾草精油（左）与原精（右）

左为以蒸馏法萃取的白玉兰精油，右为己烷萃取的木兰科花类凝香体

香水基本概念

1 香水分类

香水依香料添加浓度可分为浓香水（Parfum，缩写 P，20% ~ 30%）、香水（Eau de Parfum，缩写 EDP，15% ~ 25%）、淡香水（Eau de Toilette，缩写 EDT，10% ~ 20%）、古龙水（Eau de Cologne，缩写 EDC，5% ~ 15%）。

浓香水含有最高浓度的香料，持续时间有时长达数日，通常都是以少量沾抹在手腕及颈部使用。香水的持久度会比淡香水来得理想，持续时间约一整天。淡香水的乙醇比例稍高，较容易挥发，持续时间约半天，适合喜欢清爽气味的人。古龙水多半以清爽的柑橘调居多，适合在运动、洗澡之后使用，也有人认为古龙水就是男生专用的须后水（after shave）。

另外有一种清凉水（Eau de Fraiche），香料浓度和古龙水差不多，但是乙醇含量较多。制作天然香水时，我通常不考虑香料浓度问题，反而比较在意香料之间是否相互调和，一般在完成作品之后，经计算才会知道香水浓度类别。

2 香水味阶

天然香水擦在皮肤上，会随时间、体温变化而呈现不同的气味转化，大约可分为头香（top note，前调）、体香（middle note，中调）和底香（base note，基调）。

头香是指气味轻扬易于发散的香气，如柑橘类、青草类、辛香料；体香以花香为主，例如茉莉、玫瑰等，是香水气味表现最佳的时刻，传达着这瓶香水的精神；底香则是挥发最慢，能令人仔细回味的香水余韵，多由树脂、动物类香料构成。

当然有些香水的调香是不考虑这种味阶概念的，只有柑橘和花香也能撑起一种香调。

3 香调分类

现代香水的气味，一般可被分类为女香、男香或中性香；如果以香料做分类，大约可分为花香调（Floral）、东方香调（Oriental）、柑苔香调（Chypre）、馥奇香调（Fougère）、木质香调（Woody）、绿意香调（Green）、柑橘香调（Citrus）、辛香调（Spicy）、皮革香调（Leather）及海洋香调（Oceanic）。

当然从中又可细分为单一花香调、花束香调、东方花香调、绿意花香调等，其中比较特殊的是柑苔香调和馥奇香调。柑苔香调的气味主要由橡树苔、佛手柑、岩玫瑰所构成；Fougère 是法文的蕨类，馥奇香调在香水中又被称为“熏苔香调”，以橡树苔为主，但加强了薰衣草的成分。东方香调的底香，添加了许多龙涎香或麝香，表现的是一种古老而神秘的气质。

6

香水的熟成

天然香水一定要经过时间的洗礼、沉淀、转化，才会醇美。尤其以花香调和了木质香的香水，经过熟成后，气味往往有如蜕变后的蝴蝶，让人惊喜。香水的熟成概念，如同芳香疗法中所重视的调和精油之协同作用，也就是说，刚完成调香的香水，其内各种香气分子仍进行着微妙的化学变化（譬如酸遇到醇将转化为酯），最终变化将趋于和缓，此变化过程就是熟成。

一般书籍建议将香水放置阴暗处一个月（因日光会加速天然香水氧化变色），我的经验则是四个月以上。如果想降低香水的天然色泽，调香完毕后可再加入约1%的高岭土，同时多加入2%的蒸馏水，以平衡过滤后损失的香水体积。在过滤、正式装瓶前，需要一星期的冷冻处理，目的是使一些游离的液态脂肪、花蜡等杂质固定结晶，以方便过滤。

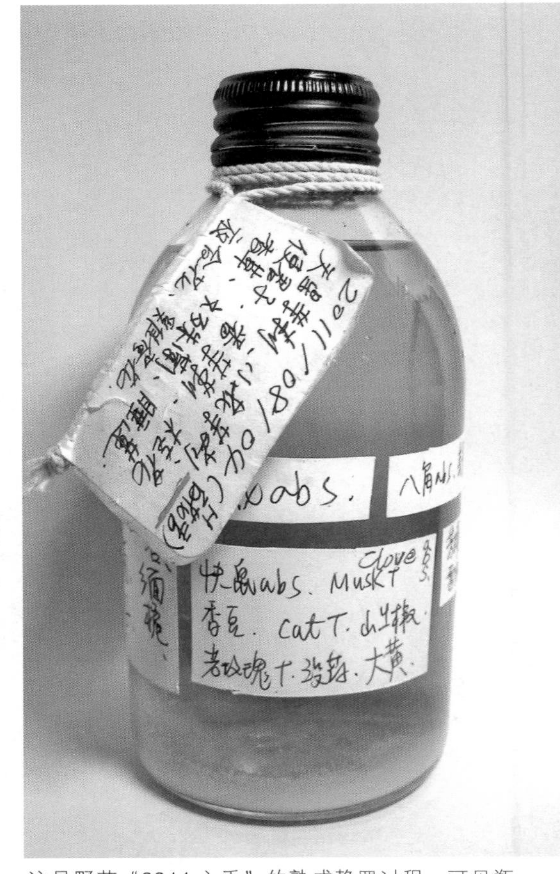

这是野花“2011之香”的熟成静置过程，可见瓶底有花蜡等杂质沉淀。我习惯在瓶身贴标签，直接标示调香时加入的材料

7 装瓶前的过滤

刚开始制作天然香水，一定会苦恼于“如何让香水溶液清澈透明”。坊间也有课程教授各式乳化剂、界面活性剂的应用，但我尝试后的结果并不理想。因为它们不仅会影响香水流动的品质，有时还会影响气味的表现，因此我不用这类添加物。

纯水（蒸馏水、去离子水）在香水中的比例是关键。调香完成之后，再以点滴的方式添入纯水，一边慢慢添加，一边观察（避免严重雾化即可，但这又需要经验了）。如果调香中加了很多原精或凝香体，那么就需要一些过滤助剂（高岭土、皂土或硅藻土都可）来帮助澄清及过滤，之后再放进冰箱冷藏沉淀。但是，过滤助剂的添加也有可能吸附部分芳香成分，影响成品的香气强度，这一点需要注意！也有人会在香水中加入约1%的柠檬酸钠等螯合剂，以稳定香水色泽和香气。

装瓶前的过滤动作非常重要，先以咖啡滤纸（我偏爱厨房用吸油纸）进行粗过滤，将沉淀的杂质过滤出来，最后再以针筒过滤器进行细过滤，最后装入香水瓶即可。记得香水瓶要先以酒精消毒后再使用。

香水熟成后过滤的程序

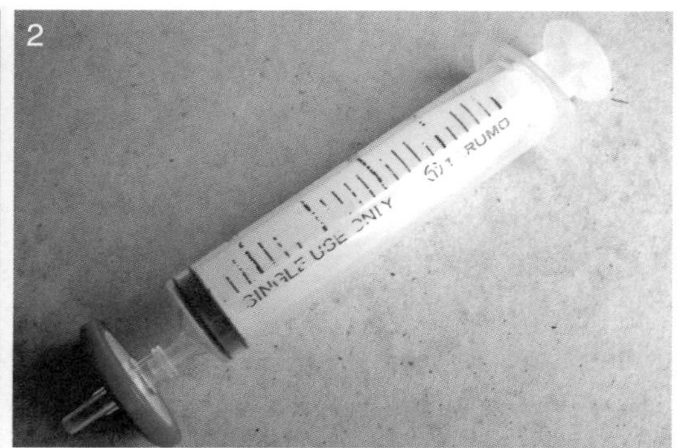

标签或包装等设计，也是香水吸引人之处

1. 熟化香水经过冷冻沉淀之后，先用咖啡滤纸或炸物吸油纸进行粗过滤，可以除去沉淀的杂质。
2. 再以针筒过滤器进行细过滤，注入香水瓶。
3. 我自创了这种层层过滤方式（上层为砂藻土，下层为活性炭），滤出的香水极为纯净。
4. 过滤之后，将制作好的香水取样分装在小小的针管香水瓶中保存。

为创作的香水贴上标签，更能拥有自己的风格

Part 3

天然香料

花朵篇

风引清芬暗里来 素华隐约傍莓苔
贪迎月露飘香满 更领蟾蜍死魄开
——孙元衡《月下香》

花朵，乃植物一生的一个极致状态，是为了繁衍，由叶子特化出来的一种构造。然而，它的功能不在繁衍，而是引诱，一如求爱中的男子献殷勤，也像女人柔媚以对，在适当时刻，绽放所有美好。

花朵多样的姿态、色彩及香气，不但丰富了人类的创作灵感，同时也陶冶着性灵；而花香则带有惑人心弦的魔力，即使闭上双眼，也能遇见如天堂般的缤纷花园。

在香水材料中，花朵类香料通常较为昂贵，原因除了不易萃取外，也因为它更易吸引人们注意，闻了会带来好心情的花香，谁不爱呢？此类香料应用于调香中，常被视为一瓶香水的主体气味，因此所占比例稍高。如果是以单一花香气味为设计重点的香水，比例甚至可达 40%。轻盈气味型香花（金合欢、苦橙花、桂花等），若与白芷、茴香、没药等气味厚重的辛香料或树脂香料搭配，香气往往难以表现。不过，也可以经过试验，自行拿捏分量，或许也有新发现。我曾以晚香玉和中国肉桂进行调香试验，发现以三份晚香玉对一份中国肉桂有最佳的香气表现。

1

柑橘花

Citrus blossoms

柠檬类的柑橘花，花瓣带有粉红色。（上图为台湾香檬花，下图为柠檬花）

如果世界少了柑橘花的芬芳，香水产业该是要跟着黯然不少吧！在商业市场上，用来萃取香气的柑橘花，一般是苦橙花和甜橙花，前者香气高雅细致，后者甜美动人，有时候两者统称柑橘花或橙花。除此，多数柑橘树所开的花朵都有非常迷人的香气，细细品味可以发现每一种柑橘花的独特气质。例如清香袭人的文旦柚花、台湾香檬花和柠檬花，略带梅香和甘草香的金桔花，甜到心坎里的八房柑花、椪柑花及柳橙花等。唯一让我意外的是海梨柑花，它竟然没什么气味（花几乎无香，叶却很香）。

不同柑橘花的香气，多少可由叶子和果实嗅出它们的影子，闻叶而知花香，也是柑橘花异于其他花朵类香气的一大特征。在调配柑橘花香水时，我喜欢将柑橘叶和果实的成分一并添加，许多柑橘叶原精的底蕴会有一丝丝麝香的感觉，尤其是台湾香檬和海梨柑。叶子的香气，同样以浸泡或蒸馏的方式就可萃取。

柑橘类的花朵，外形十分类似，通过气味可以辨识

柑橘花香气成分中，以芳樟醇（沉香醇）、柠檬烯、乙酸沉香酯为主，而橙花叔醇、金合欢醇、邻氨基苯甲酸甲酯、吲哚等微量成分是其中的特色成分，不同产地、季节及萃取方式，对柑橘花香气的呈现多少会有些影响。就苦橙花来说，一般多认为突尼斯和摩洛哥所产的品质最佳。蒸馏萃取的橙花精油，香气有较丰富的果实感，部分偏花香的成分（芳樟醇）多溶于水，其蒸馏副产品——橙花纯露，反而贴近真实花香。柑橘花原精气味比精油多了些动感热度，因为原精中含较多“吲哚”，这种含氮化合物是大分子，不太能被蒸馏出来。

纯吲哚有着一股特殊的粪臭气味，它存在于许多像是茉莉、水仙、夜香木、七里香、橙花、栀子花等白色香花之中，当然也可以在动物粪便中找到！科学家从演化角度推测，许多释放含吲哚香气的花朵乃模拟动物排遗的气味，除依靠日间活动的蜜蜂、蝴蝶之外，还能吸引夜间活动或嗜臭昆虫如蛾、苍蝇等，来帮助它们授粉。19 世纪以前，只要是花香调的天然香水，一定有吲哚成分，它可以为香水增添饱满馥郁的色彩。可惜这成分也非常容易因为光照而变质（易造成香水色泽变深）。

曾经有香水师将茉莉原精里的吲哚除去，以为这样茉莉花的气味会更好闻，结果却发现气味变得单调无趣。其实，花香中吲哚含量是极微的，却有着左右花香生命灵动的作用。每年三月下旬的清晨及傍晚，若行经盛花期的柚子园，一定能嗅得到空气中飘忽不定的清爽柚花香，那是隐含了吲哚的款款骚动，也是春天里忍不住的气味。

柑橘类植物有大量的花朵，自家种上一株便可萃香。我曾向农人购买一整株柚子花，那一年大量制造了柚子花香水，非常开心！

金桔花香水

The OAL Nature 2011
ORANGE BLOSSOM
EDT 7ml

香气萃取与实用手记

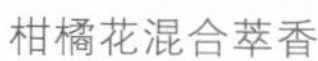
柑橘花混合萃香

柚花原精

1. 三月是柑橘类植物的盛花期。笼统来说，所有柑橘花有着共同的清新甜美的气味品质。从采集到萃取，可以将数种柑橘花集合起来一起进行，以此混合萃取方式获得的柑橘花凝香体或原精，气味近乎完美！

2. 近几年，出现了一种用溶剂从橙花纯露中萃取的橙花水原精（Orange Flower Water Absolute）。这种原精气味清新香甜，没有柑橘花原精厚重华丽，是一种清透感十足的柔美花香。由于稀有少见，售价也比柑橘花原精和精油高。

3. 调香时，单以柑橘花原精加小花茉莉原精（含量各占 10%），辅以芳樟醇为主的精油（花梨木、薰衣草等），加上几款可以延续香气寿命的乳香、檀香、红没药，再用佛手柑等轻盈的柑橘类精油，就可制作一款动感轻灵的香水。

2

七里香

Murraya paniculata

七里香的果实成熟后为红色

七里香英文称 Orange Jessamine 或 Orange Jasmine，暗指这种芸香科植物花朵的香气，足以媲美茉莉，花香恬淡远扬。搓揉它的叶、果，还有类似柑橘的气味，几乎一年四季皆可赏花观果。小时候见其未熟的青果，总以为那是小柠檬，但为何柠檬会长成红色，让我十分困扰。

七里香是地道亚洲植物，中国、印度、马来西亚、菲律宾都有分布，又有十里香、千里香、万里香、过山香、月橘之称。全球七里香属（月橘属）植物达四十多种（包含变异种、园艺栽培种），台湾原生 4 种，分别为七里香（月橘）、长果月橘（Murraya paniculata var. omphalocarpa）、兰屿月橘（Murraya crenulata，又称兰屿山黄皮）及山黄皮（Murraya euchrestifolia），所开的花皆有香气。其中长果月橘是台湾特有的地域变种，仅分布在兰屿和绿岛，与七里香的外形差异是花、果相对较大。近年来，花卉市场所谓的大花七里香，正是由长果月橘培育而来。闻嗅七里香和大花七里香的花，可发现些微差异，七里香稍甜腻，而大花七里香较为清淡，然二者共有一种绿色感的花香特质。虽说全年可见七里香花开，想闻花香并非难事，但真正的盛花期，一年仅有二至三次。

七里香的花、叶、果均有气味。国外研究发现，以蒸馏和溶剂萃取的七里香气味，主要成分是不一样的，蒸馏的香气中以芳樟醇、金合欢烯、石竹烯为主；溶剂萃取的，泪柏醇、吲哚、橙花叔醇、苯甲酸苄酯占大部分。

香气萃取与实用手记

萃取前要将没有香气的枝叶、花梗去除，再入瓶

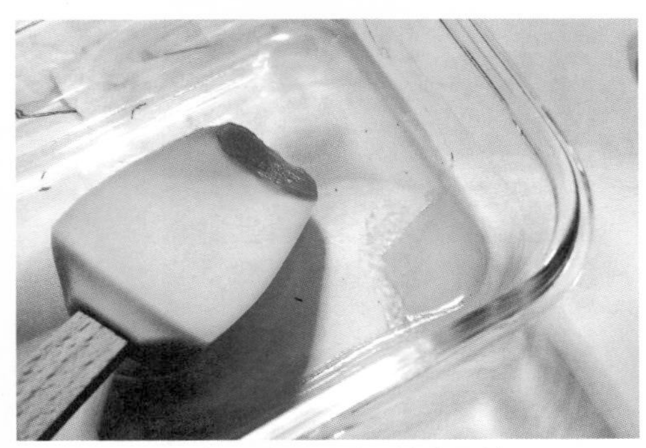

隔水加热除去溶剂后，用刮刀搜集原精

左图为己烷萃取的七里香原精，右图为超临界流体萃取的七里香原精

1. 七里香的主要花期在初夏至初冬。萃取香气前，必须先将花与枝叶分开，稍稍阴干，否则萃取出来的物质混有太多叶子气味，会减损花香特质。

2. 七里香暗黄如凝脂般的原精，清香美好又带有蜂蜜底蕴，和橙花、金合欢原精，白豆蔻、苏合香、乳香酊剂，黄柠檬及一点点薄荷，进行调香，可以带来初夏金色日光般的香气感受。

3

白兰

Michelia denudata

几种常见的木兰科香花植物，由上而下为白兰、台湾乌心石、含笑

白兰向来予人祖母级的印象，它不单是许多人童年记忆中祖母发际的白兰，那气味更是沉静古典、特色鲜明。若从生物学角度来看，白兰属于木兰科植物，本科植物是显花植物中最古老的一群，也是拥有最多香花的一群，所以，洁白的白兰，散发的正是一种光阴凝练的气味，无怪乎最上祖母心头。

台湾常见的木兰科植物如白兰、含笑、夜合花，是在1661—1683年随军队移师台湾的；洋玉兰则是在20世纪初由日本人引进栽植的。台湾原生木兰科植物只有乌心石和乌心石舅两种（也是特有种）。中文名称虽然只差一个字，但它们分别属于乌心石属（Michelia，或称含笑花属）及木兰属（Magnolia）。而这两属的区别就在于木兰属的花为顶生（花开在枝头端），乌心石属则为腋生（花开在叶腋）。所以，白兰、含笑、乌心石算同一群姊妹；夜合花、洋玉兰是另一群兄弟。

大部分木兰科植物的花朵具有明显香气，像白兰花的甜腻清香；夜合花浓烈的凤

夜合花

洋玉兰花大如莲，香气淡雅，反而没有木兰科香花予人的艳甜香气印象

梨水果香；大如荷花般的洋玉兰，气味倒是轻柔，还带有极淡的柠檬香；含笑花的香气就比较奔放了，不若它给人的外在形象“含笑如何处，低头似愧人”，而是热情洋溢又充满香蕉气息的艳香；相较之下，绽放于寒冷季节的乌心石花则显得柔美淡雅，带有茉莉绿茶气息。以常见的白兰花而言，除香气外，它也象征忠贞不渝的爱情。在印度，比白兰更常见的是金玉兰（M. champaca，或称黄兰、金香木），花形较白兰粗壮，气味浓烈芳香，颇有热带风情，它常被撒于新婚床上，同样象征着爱情。

白兰一年抽发 3 次新芽，依次为二月、六月及八月，往往于抽芽后花苞也跟着成形，以六、八月所开的花香气最好。在夏夜凉爽微湿的空气中，很容易感受到白兰花弥漫的香气，隐约渗人胸臆，非常舒服。

黄兰花朵外形较白兰粗壮，香气亦较为浓艳奔放

香气萃取与实用手记

含笑花

乌心石花。木兰科的白花都具有香气，搜集花材后，可分别或混合萃取

夜合花花朵硕大，适合用脂吸法萃取

1. 白兰的花叶皆可萃取香气，以溶剂萃取的白兰花原精，比蒸馏萃取的精油还浓郁香甜。白兰叶原精气味也有白兰花的影子，但绿色草叶感（草腥味）较浓，可以用来模拟茉莉花中吲哚的感觉。

2. 白兰花油：逢夏季，天气暖热，用椰子油萃取白兰花香，所得是极品。将新鲜白兰花阴干后，以椰子油浸泡 3 天，然后过滤、替换新鲜白兰花，如此反复萃取几次后，可得芳香满溢的白兰花油，适合用来按摩身体。只是萃取时，每次使用的新鲜花材切记勿浸泡超过一星期，否则会出现一股难闻的气味。

用乙醇萃取白兰，制成酊剂

木兰科己烷混合萃香

以白兰和乌心石混合萃香的木兰科凝香体

椰子油虽是硬油，但只要室温不低于 23 摄氏度就不会凝固。以夏天的温度，用椰子油当作基础油，制作各种花草浸泡油，刚刚好！若要用来按摩身体，就尽量不用养分已被破坏殆尽的分馏椰子油来浸泡；若不介意其中养分之有无，用分馏椰子油来按摩也可以。在质感方面，分馏椰子油比天然椰子油更具流动性，如水一般，而且冬天不硬化，稳定性高，不易变质，用来替代价钱昂贵的荷荷巴油当作香水油基底，也非常棒！

3. 木兰科原精：其他木兰科香花由于材料不如白兰花易得，有时将含笑、乌心石、白兰、金玉兰以溶剂共同萃取（洋玉兰因花朵过大，用脂吸法有不错效果），所获得的原精我称为木兰科原精。这种原精的香气着实令我惊喜，像自创香料般有趣，后文的混合野花香（104 页），即是依循花季，共同萃取所得的香气，这种香气可谓世上独有。

4

山棕

Arenga engleri

自生在山野间的山棕植株

山棕果实也是山里动物的粮食

自开始试取气味以来，每每走入山林，我总爱东闻西闻，从地面朽木冒出的菇蕈到树上的花果枝叶，随时凑近用鼻子感受一番。若空气中飘散着奇特气味，也一定非找出来处不可。对山棕产生兴趣，就是从它那不可思议的花香开始的。通常在五月傍晚，只要漫步郊山林径，偶尔可以闻到一股忽远忽近、若有似无的幽香，那便是山棕花开始施展夜的魔法。

初闻山棕花，我立刻联想到原产于印尼的伊兰伊兰。同样是浓艳型香花，但山棕花却多了点魅惑感，那是属于夜晚的费洛蒙，而且愈夜愈香，传播甚远。许多森林小动物都会被它的花香吸引，仿佛宣告着暮春最后一场盛宴即将开始。

台湾原生的棕榈科植物有五属七种，山棕是山棕属的唯一植物，又称虎尾棕、黑棕、山椰子、台湾砂糖椰子，普遍分布在全台海拔 1100 米以下的山野。植株矮小者呈根生状，有大型奇数羽状复叶，长大时可达 3 米，树形粗犷优美，可当作庭院观赏植物。

未熟雄花序

雄花序于五月间纷纷绽放

山棕全身上下都有利用价值，除了叶梢、叶子、叶柄可制成钓竿、绳索、扫帚、刷子、砂糖等，最吸引人的莫过于花期在五至六月间的山棕花。山棕雌雄同株异花，不但肉穗花序美观，花香同样让人印象深刻，足以与槟榔花媲美。早雄花一个月开花的雌花，花蕾圆形，气味清淡；雄花花蕾长形，气味浓郁，尤其入夜之后，香气散发更加剧烈，森林动物被其香气吸引，犹如中了迷魂香，朝圣般往开花植株前进，先是昆虫，然后是蛙类、蜘蛛、爬虫类，接着是鼠类、鼬獾或果子狸。这隐形的生态食物链，仿佛因为气味活色生香了起来，而山棕花散发的香气食帖，如同昭告着办桌讯息！采集山棕花得赶香气式微前进行，通常在清晨四五点，往往还可发现许多流连忘返的小动物。

山棕花香气的主要成分为橙花叔醇、紫罗兰酮、芳樟醇、香叶醇、金合欢醇等，它们是构成多数香花香气的关键成分，难怪山棕花非常之香。

香气萃取与实用手记

雄花气味浓郁，大串花序取材相当方便

山棕花原精

1. 山棕花油：用植物油（推荐分馏椰子油）多次替换花材、浸泡萃取，可得金黄色山棕花油，色泽优美，气味脱俗，是制作香水油很好的基底。若直接拿来当按摩油，可再调入马鞭草与罗马洋甘菊，将带来奢华享受。

2. 以乙醇或己烷溶剂萃取，可得橙黄色凝香体或原精。将山棕花原精、使君子凝香体、小花茉莉原精、晚香玉原精，芳樟叶、白松香、香葵、月桃籽、文旦柚等精油和枫香酊剂一起调香，香气凝练直白，尾韵稍有香荚兰清甜，一如肖邦的夜曲，令人陶醉。若说最值得开发的香水材料，山棕花绝对是第一名。

5

桂花

Osmanthus fragrans

木犀科（Oleaceae）植物中有许多赫赫有名的香花，譬如紫丁香、茉莉等，当然桂花也是其中之一。相对于紫丁香的华丽艳香、茉莉的性感媚香，桂花显然是此科香花中落居冷宫的佳人。然而冷面佳人也有赏识者，桂花寂寂自飘香的特性，因与传统读书人沉迷于求知过程的寂寥不谋而合，自古以来就是中国文人所标榜的香气代表。

说起桂花，该是无人不知晓，在中国人心中，桂花秋月象征富贵团圆（“桂”音同“贵”，吴刚伐的可是砍不死的桂花树）。但桂花于我的印象是追寻，小时候因为循着这股清香，找了好久才辗转来到一处古老日式建筑的围墙边，我驻足墙外，贪婪地嗅闻空气中自院里飘逸出来的桂花香不舍离去，也不知逗留了多久，总之那是生平初识桂花的遥远记忆。长大后，即便已萃得桂花香料，我仍汲汲于桂花开放的脚步，每年从秋末首次桂花绽放，直至隔年夏初花季末了，采桂花、闻桂花一直是种满足的追寻。

桂花原产自中国西南地区，淮河流域以南较多见，市面可见品种有四季桂、银桂、丹桂和金桂，其中以金桂香气最浓，是用来萃取原精的主要品种；丹桂花橙色，气味次浓，常供药用或园艺观赏；银桂和四季桂是一般最常见的品种，香气稍淡。

桂花香气中，主要成分为沉香醇氧化物、酯类、丁香酚、癸醇、紫罗兰酮、沉香醇、橙花叔醇、壬醛等。其中最特殊的是紫罗兰酮，那是香水师最推崇的香气成分之一，甚至比玫瑰的苯乙醇、橙花的吲哚还珍贵。自然界中含紫罗兰酮的植物大多有非常迷人的香气，比如山棕花、香堇菜（紫罗兰）、波罗尼花、金合欢、柠檬马鞭草、大马士革玫瑰、鸢尾草等。纯紫罗兰酮气味其实无令人惊奇之处，却能和别的芳香分子相得益彰。说穿了，紫罗兰酮就是灰姑娘脚上的水晶鞋，分量不必多就能将其香气雕琢至完美；若以职业做比喻，紫罗兰酮恰似一本好书的主编，人们往往注意书的光彩却忽略了背后为人作嫁的大内高手，紫罗兰酮就有这番魔力。

香气萃取与实用手记

桂花凝香体

桂花植物油萃取。分别以荷荷巴油、白芒花籽油浸泡

此款桂花香水，是借用有奶香的水菖蒲带出奶油桂花的韵味

1. 在香水材料中，属于东方气味的桂花，向来不若玫瑰、茉莉被重视，许多以单一香气为主的香水，也少见桂花身影。除了萃取率太低以外，还因为桂花本身香气和其他香料调和，非常容易被掩盖！因此调配桂花香时，切记勿用肉桂、白芷、百里香、迷迭香、薄荷等气味强烈的香料一起调香。

2. 以溶剂萃取所得的桂花原精，气味清雅柔美，带一点点杏桃水果和木质气味，调香时可以考虑和含有紫罗兰酮或酯类（香葵、木香、茉莉等）的香料一起进行。与有奶香气息的水菖蒲、晚香玉一起调香，也会有不错的香气表现。

6

茉莉

Jasmine

小花茉莉

星星茉莉

多花素馨

木犀科素馨属（Jasminum，茉莉属）蔓藤植物或灌木所开的花，统称茉莉花，全世界至少有 200 种，若将亚种、变种、培育种包含进来，种数将超过 650 种。本属花朵多具浓郁芳香，主要分布于亚洲热带至亚热带气候区，少数分布于欧洲南部、非洲，其中仅数十种具观赏、药用、香料等价值。茉莉又称耶悉茗花、野悉蜜、抹利、鬘华、抹厉、柰花、木梨花等，多是佛经上的音译。茉莉香非但受人们喜爱，更与佛门渊源不浅，自汉代传入中国后，便以压倒性姿态博得“人间第一香”美名。

东方的茉莉泛指小花茉莉（J. sambac，或称阿拉伯茉莉、中国茉莉），台湾的小花茉莉在 17 世纪引进，直至 19 世纪后随制茶业兴起，出于窨茶目的才有了专业性栽培。20 世纪初，由于茶行均集中在台北大稻埕一带，因此沿淡水河、新店溪旁有许多茉莉花田，彼时台湾茉莉花生产面积已达 230 公顷，可说是全盛时期。小花茉莉是茉莉绿茶（香片）用来窨茶的主要种类，虎头茉莉、单瓣茉莉、神圣茉莉等，都是培育自小花茉莉的品种。单瓣茉莉香气最浓；虎头茉莉外形似迷你牡丹，花瓣虽多，可是香气最淡。

粉苞茉莉

山素英

西方的茉莉指的是素方花（J. officinale，又称秀英花）或大花茉莉（J. grandiflorum，又称素馨）。植物分类学家认为，大花茉莉应该是素方花的一个变种。香水业中的茉莉原精，多萃取自大花茉莉和小花茉莉。有的品种以出产地命名，如摩洛哥茉莉、埃及茉莉等，皆属于大花茉莉或素方花。

台湾原生的素馨属植物有 4 种，分别是川清茉莉（J. lanceolarium）、山素英（J. nervosum）、华素馨（J. sinense）及川素馨（J. urophyllum），花多半清香，其中山素英已被推广为园艺栽植，香气素雅略带甘甜。另外，市面上可见几种适合在家种植、值得自行萃香的品种，我非常推荐星星茉莉（J. auriculatum）和多花素馨（J. polyanthum）。星星茉莉的花期长，花香于傍晚开始散发，吲哚气味明显；多花素馨花期虽短，但花量大，香气强烈、热情十足。此外，目前彰化花坛仍有契作茉莉花田，以小花茉莉为主，专供饮品公司窨茶，每年六至十月茉莉盛产期，可直接向花农购买新鲜茉莉来萃取。

茉莉香气成分主要由乙酸苄酯、邻氨基苯甲酸甲酯、乙酸苯乙酯、苯甲酸苄酯等苯基酯类构成，其他特色成分还有金合欢烯、沉香醇、素馨酮、吲哚、茉莉内酯等。大花茉莉中吲哚含量稍高，香气艳丽热情，动感特质较强，西方人认为它有催情效果；小花茉莉香气清丽飘逸，有草叶般清新感（金合欢烯稍多），较符合东方人含蓄的性格。若将玫瑰分别与大花茉莉及小花茉莉调香，所展现的香气，一个是西藏唐卡，另一个便是泼墨山水。

香气萃取与实用手记

彰化花坛乡夏季盛产小花茉莉，直接购买大量鲜花，萃取相当豪气啊

1. 茉莉花以溶剂萃取会有很好的香气表现，虽然文献曾提及以脂吸法可得较多原精，但因制作工序过于繁琐，相形之下溶剂萃取反而效率高。以我自己的经验，大约 3 公斤小花茉莉可得 10 毫升的凝香体，若以原精萃取率 2% 计算，3 公斤小花茉莉只能萃得 4 滴原精。换句话说，1 毫升原精得用掉 15 公斤新鲜小花茉莉（以 1 毫升约等于 20 滴计），无怪乎茉莉花原精价格向来不便宜。

2. 曾将星星茉莉、山素英、大花茉莉、小花茉莉、多花素馨、毛茉莉共同萃取香气（萃取过程长达一年以上），所得香料称为素馨原精或素馨凝香体。此混合了多种茉莉香气的香料，在初次感受时，我几乎以为是天地间第一香了！且令人赞叹的是，素馨凝香体的气味比原精还细致。

几种素馨花的混合萃香

野香茉莉香水

星星茉莉花的浸泡萃香

大花茉莉原精（左）、小花茉莉凝香体（中）、星星茉莉凝香体（右）

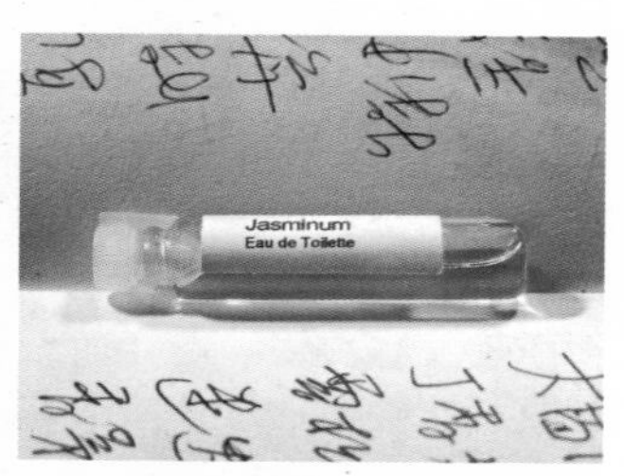

野香茉莉的针管香水

7

栀子

Gardenia jasminoides

园艺种的栀子花多为重瓣

原生种的山黄栀为单瓣花

虽说香花不美，美花不香，但其实赏味、审美一直是主观认定的，有不喜玫瑰气味的人，说是呆板无趣；也有避茉莉气味唯恐不及的人，说是恶心。我喜欢享受气味的起承转合，若视某气味只是一个形容词，那可能错失了与气味实际经验所带来的美感。因为气味不单只是印象中的标签，还能启发情绪，继而因人而异地幻化为各种鲜活感受。特别是能让人产生愉悦，而无法一言以蔽之的香气。它比较像一首心灵短诗，只能用心阅读，多说无益。几十年前曾在洒满月光的栀子树下，对伊人说着拌了花香的甜言蜜语，一度栀子花还成了两人信物，如今沧海桑田，再见栀子花，内心那首关于爱恋的诗篇仍然要随花香泛小涟漪，对我来说，栀子花已非美不美、香不香的了。

但在多数人印象中，栀子花绝对是香花中之翘楚，即使不识此物为何物的人，见其洁白花蕾，也一定先入为主地认为此花必有奇香。原产于亚洲南部的栀子花，来自茜草科栀子属植物家族，别名黄栀子、玉荷花，果实富含栀子素、藏红花素成分，是天然黄色染料的重要来源。同时也是传统中药材，具有护肝、利胆、降压、止血、消肿等作用，将果实捣碎研末，加水调糊，包敷扭挫伤处，据说有神效。

本属中的山黄栀（G. jasminoides Ellis.）是唯一台湾原生种，分布于海拔 1500 米以下的阔叶林内，以北部山麓居多。此外，常见的栀子花种类还有重瓣栀子（又称玉堂春、大花栀子、大叶栀子）、小花栀子（又称水栀子、雀舌花）、斑叶黄栀等。其中以重瓣栀子最常见，花大而美，香气浓厚，现多半为公园绿篱植栽，想亲闻其香并非难事，难的是，它的香气不易被收服。

栀子花气味浓郁，香甜中透着些青草般的奶香及果香，其气味的主要成分为金合欢烯、沉香醇、己烯醇酯、乙酸苄酯、乙酸芳樟酯、苯甲酸乙酯、苯乙醇等。目前市面上所见的栀子花天然香料，以原精为主，法属留尼汪岛（La Réunion）是主要产区，约 5 吨鲜花仅能萃出 1 公斤原精（萃取率 0.02%），原精呈淡黄色微黏液体，花香馥郁。我连续三年才以溶剂萃得 5 毫升重瓣栀子凝香体，萃取率之低可见一斑！

香气萃取与实用手记

栀子花凝香体

1. 用分馏椰子油以低温油萃，会有不错的效果，所得制品充满栀子花香气，可当作香水油基底。

2. 用栀子花凝香体、小花茉莉凝香体、银合欢原精、月桃籽原精、荆芥原精，永久花、莱姆、苏合香等精油一起调香，可创造出清灵的花香调，也适合做成香膏，留香时间很长。

8

森氏红淡比

Cleyera japonica var. morii

森氏红淡比在夏季开花

日本人视红淡比（C. japonica）为木神，日文汉字“榊”即用以尊称此类植物，其他像是柃木、八角、日本扁柏等也被称为榊，常见于祭仪使用。除红淡比外，在台湾还可见长果红淡比（C. japonica var. lipingensis）、森氏红淡比、早田氏红淡比（C. japonica var. hayatae）以及太平山红淡比（C. japonica var.taipinensis），都是红淡比的变种。后三者更是属于台湾的特有变种，以森氏红淡比最为普遍，它的外形也最像榕树，没开花时不少人都会误认，然而凭借它的红色嫩芽可以与榕树区分开。

森氏红淡比是山茶科红淡比属植物，全台均有分布，尤以北部低海拔森林中较为普遍，性喜阳光，在初级演替环境中常是优势树种。我家附近就有森氏红淡比纯林，每年夏季花期到来，我总被花香吸引去，像蜜蜂似的忙着采花。其实，森氏红淡比花也是重要的蜜源植物，台湾产的蜂蜜品类就有“红淡蜜”。

森氏红淡比花香清淡，单闻几朵不易感

厚皮香的花，气味与森氏红淡比非常相似

受到奇特之处，但若将它集聚起来，便可嗅出一种隐约而熟悉的气味，很像台湾早期妇女所用粉饼的香气，轻透明亮的粉香，闻之令人舒爽。台湾还有另一种山茶科植物——厚皮香（Ternstroemia gymnanthera，又称红柴），虽不同属，但所开花朵香气和森氏红淡比花相似，细微差别在于厚皮香花的香气较为典雅、含蓄，而森氏红淡比花稍微外放、活泼。厚皮香同样也是蜜源植物，蜜蜂采花所酿蜂蜜就称为“厚皮香蜜”，由于是珍贵的结晶蜜，品质比红淡蜜好。

香气萃取与实用手记

采集的厚皮香花朵，在萃取前先阴干。不论己烷萃取还是植物油浸泡萃取，水分尽量去除才不致影响萃取品质。阴干的目的就是去除水分，部分花朵（例如茉莉、桂花、玫瑰）经过阴干程序，还能萃取出更多独特成分

厚皮香凝香体

森氏红淡比原精

1. 曾以溶剂和油萃（葵花油）两种方式萃取森氏红淡比花，以油萃的效果较佳，饱含花香的葵花油可直接拿来当按摩油；若想制成香水油基底，则必须以分馏椰子油或荷荷巴油萃取。

2. 溶剂萃得的凝香体气味类似清爽版的山棕花，外加一点点芳樟和玫瑰。用木兰科原精、木香原精、玫瑰原精，薰衣草、土肉桂、葡萄柚等精油及山柰酊剂和麝香酊剂与之调香，可以创作出一款拥有天光辽阔般气韵的香水。

9

银合欢

Leucaena leucocephala

银合欢陆续开花中

许多人为引渡的外来物种，有如引狼入室般潜藏危机，举凡布袋莲、小花蔓泽兰、银胶菊，后来造成的生态灾难，比比皆是。银合欢也是一例。原产于中美洲的银合欢，因为叶子和种子富含蛋白质，是当地传统畜牧业的极佳饲料。16 世纪，先是西班牙人将它引进菲律宾，当作绿肥、饲料；17 世纪，再由荷兰人自爪哇引进台湾，一样用作薪材及饲料。

由于银合欢根部所分泌的含羞草素会抑制其他植物生长，排他性极强且无天敌，加上特殊的繁衍方式（大量种子），不超过百年，银合欢将以强势姿态，攻城略地般扩张野外族群。单就恒春半岛而言，许多本土植物的家园早已被银合欢占据，造成生物多样性受损。

银叶合欢与银合欢是不同植物，用它的花所萃取的原精有极好的甜香气味

但银合欢何其无辜？刚开始，乡村人民物尽其用地将银合欢充作牲畜饲料、薪材及制作家具的材料，使得银合欢族群受到控制，而不致危及其他树种。20 世纪 60 年代，台湾开始推广经济造林，砍除原有的杂木林，改种银合欢纯林以制造纸浆出口。当时，这股“银合欢造林”风气也吸引许多企业大量投资栽种，只为生产造纸原料，后来因获利不佳，无法与进口纸业竞争，于是银合欢林被财团弃置，任其在山野恣长。银合欢正好是人类因为短视近利而导致身受其害的一个例子，人类最后还落得“生态杀手”的恶名。幸好这些年，国内外相继有了防治对策，譬如针对银合欢的特殊成分，研究出抗糖尿病药方、开发银合欢相关产制品等，既然无法根除，那就好好地利用。

银合欢是含羞草科银合欢属植物，别名白相思子、细叶番婆树、臭菁仔。除了用作家畜饲料及薪材外，还能保持水土、定砂、固氮。在香水业，另有一种银合欢原精，其实来自被称为“银栲”（Acacia Dealbata，又称黑荆树）的植物，为避免混淆，称其为“银叶合欢原精”似乎较妥。这种原精气味异常香甜，很适合与绿色青草或花香调香料一起调香。

香气萃取与实用手记

以己烷萃取银合欢花，可得柠檬黄颜色的半固体状原精，轻柔花香中，夹杂着西瓜或是小黄瓜般水感气质（watery floral），非常好闻。让我好奇的是，这原精竟与鲜花的气味相去甚远，看来，银合欢花也是一种适合被开发的香料。

逢盛花期，收集花材十分容易

以己烷溶剂萃取银合欢香气

银合欢原精

10

使君子

Quisqualis indica

萃取前，要先将花梗去除，只留下一片片花瓣

中药里，使君子的干燥果实（种子）是著名驱虫药，以前常被用来治小儿蛔虫、蛲虫问题，现在由于卫生条件改善，已经很少用了。使君子始载于《南方草木状》中，原称留求子，《开宝本草》才称使君子，此名据说是为了感念一位名叫郭使君的小儿科医生而来。

使君子被归类于使君子科使君子属，是一种蔓生灌木植物，原产中国南部、印度、缅甸、菲律宾、马来半岛以及新几内亚，也是著名观赏植物。初识使君子，以为不香，后来在家附近发现一大丛野生族群，满满地蔓生，几乎淹过邻旁的白匏仔、五节芒，红白相间的花朵也毫不客气地团簇招摇。晚间散步至此，上前驱鼻一闻才知，原来是夜香类香花，而且这香气，竟让我觉得有意想不到的优雅特质，这下挑起了我萃取香气的欲望。特别是有一大丛啊！对我而言，萃取香气最大的问题往往不是技术，而是材料来源，此时不萃更待何时呢？

使君子花香不若其外形给人张牙舞爪般印象，而是轻柔内敛、独特优雅的感觉，像玫瑰混合了零陵香豆。香气成分主要为芳樟醇氧化物、金合欢烯、己烯醇苯甲酸酯等。

香气萃取与实用手记

以使君子凝香体、橙花、水菖蒲、香荚兰为主要香料调制的香膏，洋溢着一股蜂蜜奶香，连小朋友都爱

1. 夏季为使君子的盛花期。萃取前，须将细长花梗除去。以溶剂可萃出白色凝香体，气香甜如糖葫芦，挥发尾韵带有杏桃果香感。由于使君子花蜡偏多，因此凝香体很适合用来制作香膏。

2. 用无水乙醇从凝香体再次萃取，经冷藏，过滤，蒸去乙醇，可得半固体淡色原精，香气持久。与柑橘花、金合欢、七里香等清淡类香花一起调香，不但可增添甜香气质，还可延长香气停留时间。若不蒸去乙醇，亦可当作香水基剂，直接拿来调香。

11

晚香玉

Polianthes tuberosa

重瓣晚香玉

单瓣晚香玉

还好台湾的园艺切花产业中，晚香玉一直是受欢迎的，让我不至于太难找到萃取材料。许多人都认为此花以单瓣香气最足（国外也是用单瓣品种作为萃取原精的主要类型），但从我的经验得知，无论单瓣、重瓣，其实都很好。若细细品味其香气，单瓣晚香玉较为温暖，是带点奶香似的浓密花香；重瓣则多了细致的绿色草香气息，是一种非常飘浮而柔美的花香。晚香玉也是我一闻就上瘾的香花，爱它更胜玫瑰。

属于夜香花的晚香玉，别号月下香。只要在客厅瓶插几枝晚香玉，夜深人静便能感受其吐露之幽香。性喜温暖阳光充足的气候，原产中南美洲。16 世纪，墨西哥人就已进行人工栽培，后经西班牙人将它带到亚洲。最早引进台湾的晚香玉和含笑、白玉兰一样，约莫于 17 世纪中叶随郑成功军队而来，此时期，台湾的外来种植物多引自华南地区。

晚香玉原先和水仙同属石蒜科，后来被纳入从石蒜科独立出来的龙舌兰科，是多年生球根花卉（块状地下根）。在墨西哥阿兹特克（Azteca）古文明中，晚香玉是奉献给神明的祭品之一，也被应用于传统民俗医疗，据说有防腐、抗感染、止疼、抗痉挛、催眠、麻醉以及催情的效果。就其香气而言，我愿意相信晚香玉真有催情之效，几乎所有人在闻到香气之后，都能被激发出好心情。香气主要成分为苯甲酸甲酯、邻氨基苯甲酸甲酯、苯甲酸苄酯、香叶醇、橙花醇、金合欢醇、丁香酚等，与伊兰伊兰、白玉兰、水仙一样，都属于苯基酯类香花植物。

香气萃取与实用手记

以晚香玉为主调的白色香花夜色主题香水

此款用荷荷巴油浸泡萃取的香花油中，晚香玉有相当重的分量

1. 原精萃取不算难，仅需留意滤取过程中，一定要将水分除净（花瓣含水多）。以溶剂可萃得暗黄色凝香体或原精。凝香体保有较多绿色草香，也较接近真实花香。晚香玉原精初闻时，气味是深沉饱满的甜蜜花香调，接着便化作轻软氤氲，幽香四溢。

2. 我尤其喜欢晚香玉和白豆蔻的组合，用来营造夜色中轻柔诱人的气息，比起用茉莉更有意境。

12

夜香木

Cestrum nocturnum

夜香木花期持久，花朵细小，夜晚盛开，香气浓烈

茄科植物都有特异气味

烟草也是茄科植物，其叶也可萃取出烟草原精

夜香类香花（夜香花）是指白天无香，夜里却散发奇香的香花植物。一般来说，夜香花要比日香花的香气浓烈，散发范围也较广，夜香木即最佳代表。夜来香、夜香木、晚香玉，此三者中文名称有时让人分不清楚，甚或偶有张冠李戴的现象，其原因不外乎因夜香花而起。许多在夜晚散发香气的花朵，人们习惯以“夜来香”称之，所以，夜香木、晚香玉、月见草或紫茉莉等夜香花，皆共用过夜来香之名。实际上，夜来香（Telosma cordata）专指一种夹竹桃科夜来香属的藤本植物，也会在夜晚散发浓香。

夜香木原产美洲热带地区，1910年日本人自新加坡引进台湾栽培，别名夜丁香、夜光花、木本夜来香等。多数人一定对它印象深刻，特别是它那浓郁得令人讶异的香气，甚至有人因为它的香气而失眠，最后将种植夜香木的邻居告上法庭。难道真有香至极处反为臭之事？何以浓郁的玫瑰香尚不致遭人嫌？

夜香木是茄科夜香木属木本植物。许多开香花的茄科植物，其气味纵然馥郁，但仔细嗅闻，花香中多少都带有某种青臭（如夜香木）或辛辣刺激感（如大花曼陀罗）的特异气味。而茄科植物家族中尽是卧虎藏龙的角色，可助人（枸杞、番茄），也可害人（颠茄、洋金花、曼陀罗），种种特异气味成分构成茄科香花植物的香气特质。我喜欢被夜香木的香气勾引，尤其在运动后流了满身汗，歇坐夜香木丛下，燃支烟，沉醉在抒情的香气夜色里。

香气萃取与实用手记

至今我的萃香试验对于夜香木仍然束手无策，试过脂吸法、低温油萃法、溶剂萃取法等，成效都不怎么满意，很难将香气中珍贵的花香特质留住，萃得的凝香体有种不好的气味，不仅青臭，甚至有点恶心。如用于调香，我还需要多点时间和创意来与之磨合。虽然脂吸法有不错的效果，但花朵细碎，操作起来也很麻烦。最近发现，用超临界流体萃取，可以有效留住花香！不过，因此法具有相当危险性，并不建议新手尝试。

萃取前的干燥处理

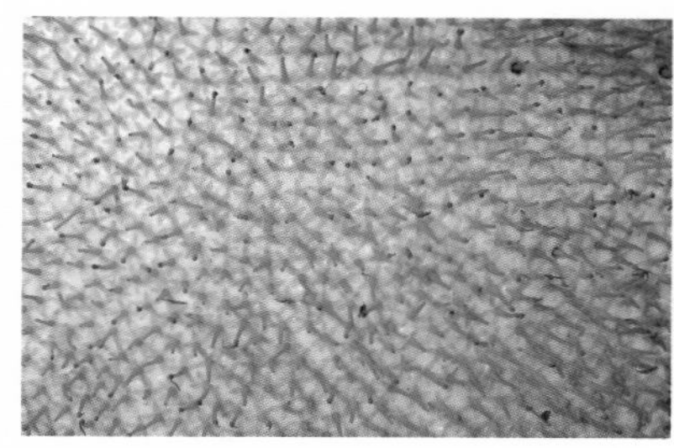

以脂吸法萃香

夜香木原精

13

大花曼陀罗

Brugmansia suaveolens

夜晚盛开的大花曼陀罗，白日里花朵垂挂显得软弱无力

大花曼陀罗花色极多，白、粉红、橙黄，十分吸引人

和夜香木同属茄科家族的大花曼陀罗，有长约 30 厘米下垂喇叭状的花朵，因此外国人给了它一个美丽而富神话意味的外号——“天使的号角”。在国内俗称喇叭花，中药别名洋金花，是种名震中外的奇花异卉。大花曼陀罗是曼陀罗木属的木本植物，和另一种曼陀罗属的草本植物——曼陀罗花（Datura stramonium），二者皆为有名的致幻植物，花形外观虽相似，但曼陀罗花并非下垂状，很容易辨识。

大花曼陀罗原产于南美洲，1910 年引进台湾作为观赏树种，由于性喜温暖潮湿之地，很适应台湾气候。目前在山涧、溪谷或森林边缘，可见大面积族群生长，以北部阳明山及中部溪头地区尤甚。到了花季，盛开的花丛往往将朴素的山林景色装点得异常美丽，特别是夜里，这些号角仿佛吹着萤亮的芬芳，瞬间幻化为带有魔幻特质的喇叭手。

大花曼陀罗花朵的气味略微辛辣刺激，

带着淡淡的奶油柠檬味，仔细闻，似乎也有一点点玫瑰花香气。有人以仪器分析发现，花朵的挥发气味主要有桉油酚、罗勒烯、月桂烯、香茅醛、橙花醇、橙花叔醇、香叶醛。香气中几乎不含它最为赫赫有名的莨菪烷类生物碱（tropane）[①]，所以，单单嗅闻它的芳香是不会中毒的。不过我曾有过非常奇妙的经历，那晚犯了牙疼，为了转移注意力就去慢跑，忽然来到一座盛开着大花曼陀罗的庙旁，惊喜之下，我趋近贪婪地享受它的芬芳，原来这花的气味在夜晚是如此浓烈，像是看不见的磁力般将我牢牢吸住。饱尝花香后，于返家途中，我突然意识到，牙疼居然好了！闻香若真还能止痛，那也实在太美妙了。

香气萃取与实用手记

因花瓣硕大，以脂吸法萃香时，要将花瓣剪开，花瓣内侧贴在猪脂上

试过用脂吸法和溶剂萃取法萃取其香气，以脂吸法效果较佳。由于大花曼陀罗花瓣大而薄，脂吸前，先将花瓣切开比较好处理。制成的香脂，直接涂抹指尖嗅闻，香气甚为高雅古典，有种让我沉静的感觉。

① 莨菪烷类生物碱，其名称源于茄科植物“天仙子”，莨菪碱（hyoscyamine）、东莨菪碱（scopolamine）均为其衍生物。莨菪烷类生物碱主要存在于古柯科植物（古柯树）和茄科植物（天仙子、颠茄、曼陀罗、马铃薯、番茄）的花、叶或果实种子之中。

14

鹰爪花

Artabotrys hexapetalus

番荔枝科家族的伊兰伊兰，花朵辐射对称、花蕊螺旋状排列

鹰爪花

如葡萄串的鹰爪树果实

有蔓生伊兰伊兰（Climbing Ylang-Ylang）之称的鹰爪花，于1661年引进台湾，是早期乡村地区相当常见的围篱植物，无奈城乡结构变迁速度太快，这花现已少见。

在住家附近某社区内，植有一株生长多年的鹰爪花和两株瘦高的伊兰伊兰。夏天花季一来，白日采鹰爪，夜晚采伊兰伊兰，都让我感到满怀芬芳的幸福。鹰爪花和伊兰伊兰分属不同属种，但都是番荔枝科家族植物，本科植物最著名的就是释迦，和木兰科植物同属木兰目。它们的花都呈现出原始的特征，比如花朵辐射对称、花蕊螺旋排列，最具特征的是花朵内密集生长的雄蕊群与雌蕊群，而且所开的花多具迷人芳香。

在中国，鹰爪花自古就是寺庙、宫廷花园的著名香花之一。建于清初的广州海幢寺中，就有一株三百多岁的鹰爪花，据说在明末便已被栽种，年代比海幢寺还要久远，因而有“未有海幢，先有鹰爪”之说。除了花香，鹰爪花成串如葡萄般的果实也非常诱人，而在结果之前，每朵花旁都配置了一个坚硬似挂钩状的结构，那是用来钩住其他附着物、支撑成串果实重量的精巧设计。有人说，其中文名来自花朵形状似鹰爪，但我觉得用来形容此坚硬钩状物或许更为贴切。

鹰爪花的香气发散和含笑一样，受温度影响很大。一般在正午过后，花朵由绿开始转黄时，香气最足（黄过头香气就慢慢消退），初闻时浓郁得似搅了蜜的花香，又似某种香甜糖果，整体花香混合果香的感觉，使人舒心开怀，和纯粹花香的伊兰伊兰截然不同。鹰爪树所开的花虽然不多，但小小的花却饱含了芳香能量，像一颗小炸弹，一旦发香，威力无穷。

香气萃取与实用手记

鹰爪树加伊兰伊兰等香花，混合萃香的原精，有一种热带南洋般、散发金光的花香

1. 以乙醇或己烷溶剂可萃取出凝香体或原精，也可将花朵直接浸泡于荷荷巴油中，制成充满鹰爪花香甜气息的香水油。

2. 鹰爪花凝香体和伊兰伊兰原精、大花茉莉原精、香荚原精、大黄原精、白豆蔻原精、枫香脂酊剂以及姜（少许）、丁香、薰衣草、快乐鼠尾草、岩玫瑰、柚子等精油一起调香，香气鲜明、大胆而直接，要说是亨利·马蒂斯的野兽派，亦无不可。

花朵由绿转黄时香气最足，是最佳萃取时机

15

中国水仙

Narcissus tazetta var. chinensis

养几盆中国水仙放在窗口欣赏，是我例行的春节乐趣，赏姿品味向来是春天盛开花朵的重头戏。举凡郁金香、风信子、洋水仙、陆莲花、仙客来、报春花等都是，其中我最爱的还是美姿、香气俱足的中国水仙。

石蒜科的水仙，是球根花卉的一种，原种八十余种，将亚种、变种、园艺种包含进来，则种类超过一千种。一般概分为洋水仙和中国水仙两大类，洋水仙花大型，以艳丽黄花居多，以地中海为分布中心，并扩及北非、中亚；中国水仙花多而小，以白花占多数，分布于中国东南沿海温暖而湿润的地带，福建漳州、上海崇明岛、浙江普陀山等地皆是著名水仙产地，也有人认为中国水仙是在8世纪时，由贸易商经丝绸之路传入中国，因此，中国水仙被视为洋水仙的一个变种。

中国水仙是春节应景盆花，短时间里以水养殖便能品赏花姿与香气

一般用来萃取原精的水仙种类有：口红水仙（N. poeticus，英文名 jonquil）、黄水仙（N. pseudonarcissus，英文名 daffodil）和法国水仙（N. tazetta，法国格拉斯附近多野生族群，和中国水仙算同一品种）。口红水仙和黄水仙气味相近，原精有时候也被相互混合贩售；法国水仙则是目前用来萃取原精的主要材料，荷兰和法国为主要生产国。

若是以自己栽植的水仙来萃取香气，也许会很不舍，因为就那么寥寥几株。2012 年刚过农历春节，因缘际会遇见附近园艺场一批滞销却正值繁花盛开的中国水仙，老板非常爽快地将所有水仙便宜卖给我，这才让我有机会不必怜香惜玉、豪气干云地进行气味萃取。由于机会难得，为此我做足了耙梳工作，了解了水仙花的特性，终于萃取到充满真实中国水仙香气的凝香溶液。

香气萃取与实用手记

以水仙凝香溶液调制的混合野花香水

以小苍兰和水仙等混合脂吸之后，再用乙醇萃取香液基底。此图正是香水熟化的沉淀过程

1. 水仙耐得住高温，因此我用矿物油进行热萃，最后再用乙醇将吸饱水仙香气的油萃取出来，得到的制品便是凝香溶液，效果相当不错。将此凝香溶液当作香水基底，拿来调制花香调香水，或是与香荚兰酊剂、栀子花原精、香叶万寿菊等带有果香气质的香料一起调香，都很适合。

2. 也可用溶剂萃取成凝香体或原精，香气主要挥发成分为肉桂酸甲酯、乙酸苄酯、香菜烯、苯甲醇、苯甲酸苄酯、苯甲酸甲酯等，浓郁香气中透着醉人的绿色草腥特质（因含有吲哚），同时带有风信子和茉莉的甜美感觉，香气可持续很久。

16

小苍兰

Freesia hybrid

花店就能买到的小苍兰，主要花期在冬、春两季，香气独特

小苍兰原产于南非，别称香雪兰，不仅有独树一帜的香气，而且花色鲜艳多彩，深受园艺界喜爱，目前栽培的大花品种，是经过人工杂交而来的。和射干、鸢尾草、藏红花同属鸢尾科植物，本科植物以花大、鲜艳、花形奇特著称，以园艺观赏为主，有些也可药用或用来萃取芳香油。

试验脂吸法的时候，小苍兰是让我惊喜的少数材料之一。许多资料都记录着小苍兰气味难以萃取，在香水业里，所有小苍兰香料均为化学合成的。如果在市面上看见出售的小苍兰原精，几乎可以确定那一定是化学合成香精。但我以脂吸法竟能萃出它的香气，这真是给了我无比的信心和乐趣。

小苍兰香气清淡优雅，虽无令人印象深刻的特质，但它是少数以芳樟醇为主的香花，花香中隐含着些微清新的胡椒气息。不同花色所散发的香气也存在细微差别，譬如开白花的小苍兰，香气中多了一点辛香，而其他颜色的花朵，大多带些绿色青草香，以黄花小苍兰的香气最浓，我用来脂吸萃取的即为此种。小苍兰散发的香气除了含大量芳樟醇以外，其他香气成分还有单萜类、乙酸苯乙酯、苯甲醇、紫罗兰酮、柠檬烯、罗勒烯、萜品烯等。

曾有人将栽种在土里与被摘下来的小苍兰切花所散发的气味，用顶空采样技术（Headspace GC）分析，发现香气表现也不太相同。栽植中的小苍兰香气中，保有二氢-β-紫罗兰酮、β-紫罗兰酮及其衍生物，而切花小苍兰则无这些香气分子，但多出了吡嗪（pyrazines，有微弱芳香，与嘧啶为同分异构体）。无论是种在土里的或是切花小苍兰，芳樟醇依旧是两者最主要的香气成分。

香气萃取与实用手记

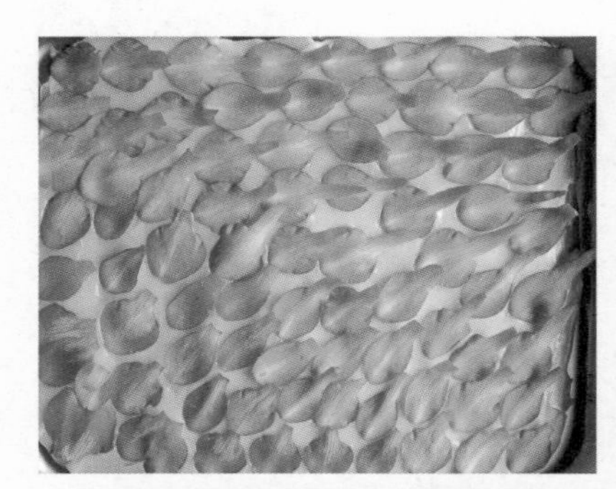

以脂吸法萃取时，可以将花瓣一一剥开，或者整朵花朝下插入猪脂

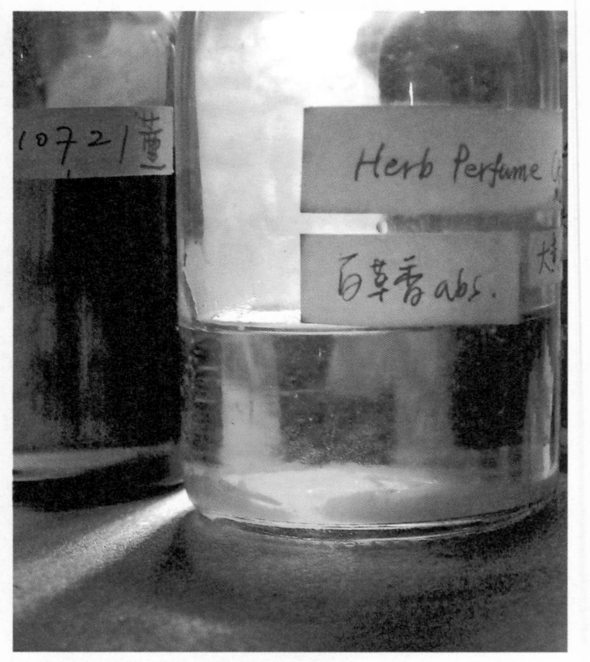

小苍兰凝香溶液是极佳的香水基剂

1. 用脂吸法萃取小苍兰之前，必须先将花朵纵裁成扁平状。由于花瓣纤薄，脂吸一夜即可置换新鲜花材，如此反复，直到脂肪吸饱香气为止，再用乙醇反复冲洗香脂，即可得到小苍兰凝香溶液。可直接将凝香溶液拿来当作香水，或是作为香水基剂，都很棒。因我萃取的量不多，小苍兰凝香溶液最后成了那年我调配野花香水“2012 之香”的基剂。

2. 若再讲究些，还可将凝香溶液以减压低温法蒸去乙醇，可得脂吸原精。

17

睡莲

Nymphaea spp.

住家附近靠山崖边，也不知是哪位有心人竟营造出一畦水生植物，我和朋友闲暇时总爱去捞些土孔雀来养。几年过去了，看似有经营却也杂物垃圾横陈，虽如此，那些径自生长的睡莲、荷花、水烛、金鱼藻等水生植物仍欣欣向荣，夏天更是它们展现无比生命力的季节。尤其是淡蓝色睡莲和白色荷花，似乎无视腐烂的生长环境，愈开愈美，亦让我有机会饱尝芬芳。这个淡蓝色睡莲非常奇妙，养于水田开的是大花，移植于住家小缸，开的却是小花，不变的是香气同样迷人。

睡莲（Water lily）和莲（Lotus）其实不同，莲又称荷，睡莲叶贴水面，而荷叶挺出水面，二者统称莲花，《诗经》中称作水芙蓉、水芝、泽芝等，佛经称莲华，在东方国家两者均被视为吉祥花卉。非但栽种历史悠久，民生应用方面也广，譬如当作食材的莲子、莲藕、莲心，均来自荷花；睡莲当中，部分香水莲品种的花朵也被利用在烹调、泡茶、制酒，甚至医疗美容（含丰富植物性胎盘素）中。睡莲被归类于睡莲科睡莲属植物，本科植物台湾有3属8种，其中台湾萍蓬草（Nuphar shimadae）还是珍贵稀有的水生植物。

有“水中皇后”雅称的睡莲，大致可分为夜晚开花、白天闭合的“子时莲”；以及白天开花、夜晚闭合的“午时莲”两类。子时莲以白花较常见，午时莲花色多彩丰富。多数莲花皆具香气，荷花淡雅朴素，睡莲浓烈艳丽，气味由烷烯类与酯类构成。一般用来萃取原精的有蓝、粉红和白色莲花。

睡莲也是常见的切花植物

香气萃取与实用手记

这是为朋友制作的香水 SIZU，以睡莲、佛手柑气味为主调

1. 萃取气味之前，需先将花蕊下部的轮盘状构造切除，仅拣选花瓣、雄蕊（雄蕊是主要香气来源），以溶剂进行萃香，可得深棕色凝香体，将凝香体再以乙醇反复萃取，最后蒸去乙醇，可得深橘色原精。

2. 睡莲原精散发的是一种略带草叶气息的浓厚花香，随时间不断熟化，花香特质亦将趋于圆融，与银合欢原精（非银叶合欢）、丁香原精、蜂蜡原精、乳香酊剂以及白玉兰、永久花、木香、甜没药、红橘、水菖蒲、广藿香（香附亦可）等精油一起调香，可创造出烟雾缭绕般的神秘花香。

18

混合野花香

Wild flowers

常见的香花植物

还记得，刚学会一点粗浅萃取气味的方法时，内心洋溢着孩童发现神秘游戏基地般的兴奋，在生活中不时地探索、试验，并享受着气味带来的快乐。自行开发收藏的香料亦丰富了调香盘，往往还来不及调香试验，便又被其他的发现或想法给吸引过去。某日，记不得哪来的缘由，突然灵光闪现，开始尝试一种新鲜做法，即在萃取过程中创造香料，或许是无心插柳之下的柳暗花明，而这个始料未及的“又一村”，效果着实令我惊喜！

说白了也不是什么奇特方法，念头的开始大约如下：无论用来萃取气味的材料是来自中药店、花市、自家种植或是野外采集，多多少少会剩余几许。将这些剩余材料集合起来“共同萃香”，便可创造出意想不到的新奇香料，譬如前文提到的柑橘花原精、木兰科原精、素馨属原精或凝香体，都是将属性相似的材料共同萃香，所得香料八九不离十仍带有该属性特有的芳香印记。差别是，这种混合香料的气味，带有比单一芳香印记更加丰厚的色彩。

树兰

灰木

莲花

紫花藿香蓟

台湾百合

道理虽简单，却也非一蹴可及，我必须强调，“等待”仍然是天然香水的首要本质。从材料搜集、萃取、调香到熟成，若无等待，那就如同将所有新鲜食材、调味料放入烹具而不开火。所以，共同萃香没有时限！曾有一年，由于栀子花开得不甚理想（因前一年开得过于疯狂），为了这香气，我得再等一年。而所有被萃取的气味物质，也不定时地添入溶剂里萃取、过滤、保存，然后依相同操作程序，重重复重重，且伴荏苒时光。最终经“等待”淬炼过后，气味分子彼此相互碰撞、融合、转化，一种即将被创造出来的香气亦渐趋成熟。某日，这香气自然会告诉你：时间到了，将我收进调香盘吧！此时，将溶剂蒸除即得新创的凝香体、原精香料。

对我而言，野外采集的乐趣最大，不必搜刮，仅取试验所需，非但满足自我的搜集欲望，也不至于坏了生态。台湾一年四季皆有香花植物接替盛开，春兰秋桂、夏荷冬梅，绝对能让亲近自然的人一点也不无聊，而更多径自绽放于山林的野花，譬如山林投、艳紫荆、野百合、白瑞香、山素英、细梗络石、川七、金银花等，气味更是令人难忘。由于采集来的芳香野花数量都不多，非常适合以共同萃香方式进行萃取，所得凝香体、原精的气味，虽无法预料，但香气之美丽绝对值得期待。

这些年，我以年度为单位，持续进行“野花共同萃香”，非常随性地“有花堪折直须折”，也非常不科学地“无鱼，虾也好”，采集到什么就记录什么。尽管如此随意，但采集和萃取过程却是记忆鲜明，像2011年木兰花的采集，是好友陪同的，木兰花香中带着若有似无的清淡柠檬味，恰如朋友彼时摇摇欲坠的婚姻；蜘蛛兰的甜蜜温香，则联结了2012年夏日深夜采集它的某停车场和那许多车辆内藏着的男女情欲。目前仅完成2011及2012野花香料，以季节野花共同萃取的香料，气味皆属浓郁花香，而2012香料中由于萃取了较多的伊兰伊兰、柚花、鸡蛋花和桂花，香气较2011更为甜美馥郁。总之，得此两款香料实在开心。后来制作了“2011之香”和“2012之香”野花香水，算是个人年度追寻香气的记录，当然接着几年，也都会在等待中持续进行。

香气萃取与实用手记

夏日花香香膏

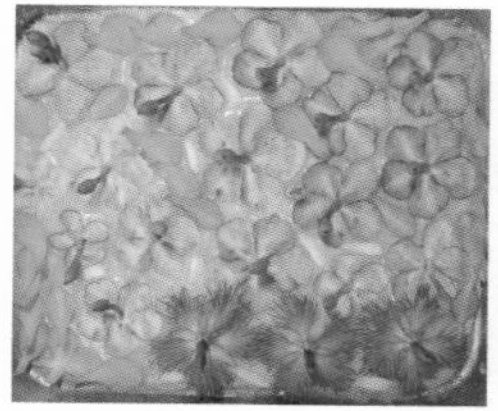
以脂吸法混合萃取各种野花的香气

“2012 之香”原精

“2011 之香”野花香水

1. 2011 之香：此款香水所用以共同萃香的材料有星星茉莉、小花茉莉、番茉莉、使君子、桂花、睡莲、含笑、木兰、白玉兰、鸡蛋花、野姜花、夜香木、厚皮香花、七里香、夹竹桃花、辣木花、伊兰伊兰、山黄栀共 18 种；另以岩玫瑰、没药、大黄原精、麝香酊剂等其他香料进行调香，最后总共以 35 种香料构成“2011 之香”。

2. 夏日花香香膏：做茉莉香水的过程中，我灵光忽现，山上农舍旁不是有棵高大黄玉兰吗？黄玉兰旁边住着柠檬、柚子、金桔以及茉莉花，虽然它们交错盛开，但是如果将所有香气笼络起来会如何？这太有趣了，于是我一边做着茉莉香水，一边将茉莉凝香体、柑橘花凝香体、黄玉兰原精等材料进行调香试验，最终，完成了这个充满夏日花香的香膏。夏日花香香膏的材料有：伊兰伊兰精油、岩兰草精油、玫瑰天竺葵精油、柑橘花凝香体、茉莉花凝香体、大黄原精、黄玉兰原精、丁香原精、未精制蜂蜡、荷荷巴油。蜂蜡与荷荷巴油各占 40%，其余 20% 是香料。

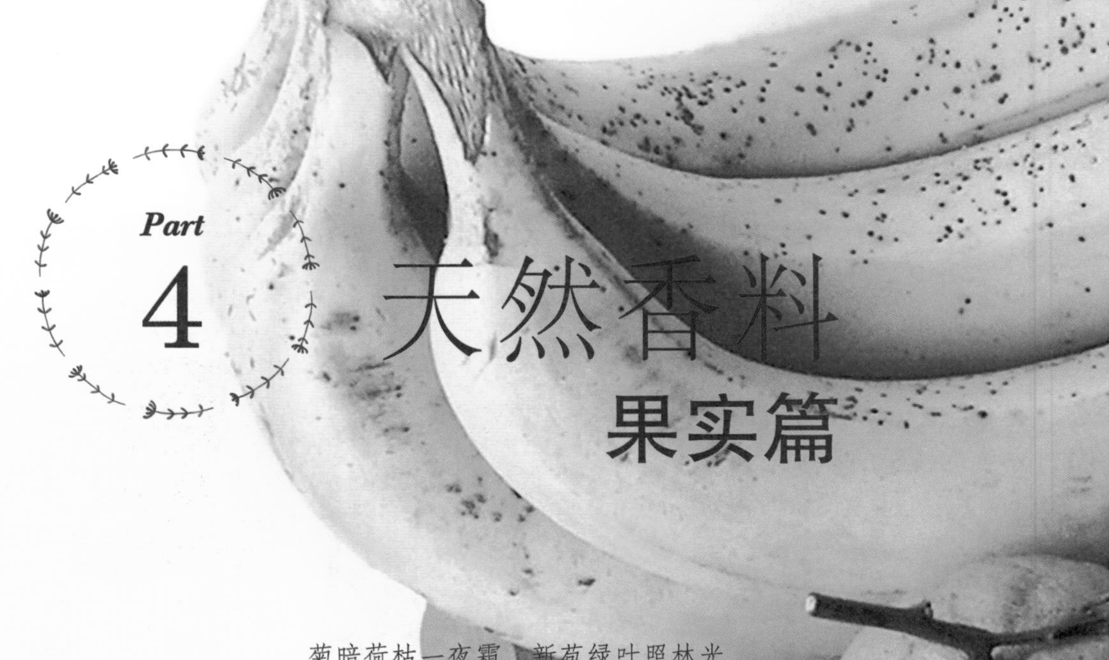

Part 4 天然香料
果实篇

菊暗荷枯一夜霜　新苞绿叶照林光
竹篱茅舍出青黄　香雾噀人惊半破
清泉流齿怯初尝　吴姬三日手犹香

——苏轼《浣溪沙·咏橘》

梅子即使再酸，仍引人垂涎而成为各式梅制食品，何况单以眼望即能止渴。然而，多数果实却是滋味甜美，且能散发出芬芳气味的。相异于花朵将采花者引诱前来之本质，果实将所有延续生命的能量保藏于种子里，以果肉为报偿，等待时机，异地而生。果实其实渴望被食，其本质在于繁衍。

或许是长久以来的习惯，果实香气总与食物产生联结，多数还能刺激我们的食欲。豆蔻、食茱萸、胡椒、花椒、莳萝、茴香、八角等辛香料都是，而富含营养成分的水果，更是维持我们生命健康不可或缺的食材。曾听过一个说法，在家中摆置一盘（或一篮）水果（苹果、柑橘、香蕉、凤梨等易散发气味的），可以营造出居家幸福的气场。我最近的体验来自白柚，只要将两三个大大的白柚置于玄关，每每回家打开门，总有一袭清香扑鼻。

天然水果香气多半不持久，也难以萃取（柑橘类除外）。在香水中，许多水果香气都是合成的化学香精，虽然天然单体香料也模拟得出来（例如食材调味料），但与真实果香仍无法比拟。果实类香料气味分子较小，容易转化、走窜，香气更为清灵、透彻、可爱，能较快被我们的嗅觉捕获，用于调香，大多被处理为头香，用量不需多，就有画龙点睛之效，算是一瓶香水的序曲。

1

柑橘皮

Citrus peel

台湾香檬

柑橘类，这些亲民又可爱的水果，最适合用来萃取香气了。我尝试过许多柑橘果皮，每一种的香气都不太一样，然而新鲜、甜美、酸涩，却是柑橘类果皮令人一闻了然，又让人爱不释手的气味特质，也是一早梳洗后，用来振奋精神的古龙水中的主要成分。

金枣

市面出售的柑橘精油，多来自果汁加工厂的附属产品，一般以冷压为主，少数如莱姆，也有蒸馏的精油，而“去光敏佛手柑”，则为压榨后再分馏的产品。除了从果皮萃取精油，很多柑橘果树的枝叶、花朵，也被萃取生产许多不同的香料，像苦橙叶、橘叶、卡菲莱姆叶、橙花等。

柠檬柑的香气似黄柠檬混合着柳橙

芸香科植物以乔木、灌木居多，少数为攀缘藤类和草本类，全世界约有 150 属 1500 种以上，广泛分布于热带、亚热带及部分温带气候区，台湾有 13 属 37 种（加上引进栽培品种，可达 19 属 83 种），其中柑橘属（Citrus）有 6 种，包括 4 种原生[①]，也是最具经济价值的一属。

① 台湾四种原生柑橘属（Citrus）植物分别为：1. 南庄橙（C. taiwanica）2. 橘柑（C. tachibana，又称番橘）3. 莱姆（C. aurantium）4. 台湾香檬（C. depressa）。其中南庄橙是台湾特有品种，近年野外族群骤减，有灭绝之虞；台湾香檬于屏东地区已经有专业栽培。

各种柑橘类果实都适合用手工挤压法萃取精油

柑和橘二者统称柑橘（柑桔），也泛指柚子、椪柑、橘子、甜橙、柠檬等果树，而近年备受推广的金桔（Citrofortunella microcarpa，或金橘、四季桔）则被归为金桔属，金柑（Fortunella spp.，或称金枣）为金柑属。柑橘类水果以鲜食为主，其果皮的再利用亦受到不少重视，因含大量果胶、精油、类黄酮素（维生素P）等营养物质，对人体有抗氧化、抗癌、消炎及降低患血管疾病概率等功能。柑橘，可谓全身是宝的一种大众化水果。在中药应用方面，橘络、枳壳、枳实、青皮、陈皮等，皆来自柑橘，对人体有行气健脾、降逆止呕、调中开胃、燥湿化痰的功效。

柑橘的香气几乎无人不爱，用于调香，可以让产品带有清新感受。因香气成分以小分子的萜烯类为主（容易氧化变质的柠檬烯占大部分），挥发消逝速度较快。在香水中，这类香料多被归类为头香（前调）。除萜烯类外，每一种柑橘都有不同比例而独特的香气成分。这些稀少的香气成分（酯类、醇类等含氧萜烯类化合物），在精油中含量只占 4% ~ 7%，便左右着不同柑橘的特色气味，譬如橘子的甘美特质，就是来自精油中仅含 0.5% 的邻氨基苯甲酸甲酯和 1.1% 的芳樟醇。

如果心细、鼻子灵，掐碎果皮闻一闻，也分辨得出每种柑橘独特的芳香，像金桔气味酸沉带绿叶感，隐约透着甘草香（金桔柠檬饮品中添加的那颗梅子真是对味）；文旦柚香气有点柠檬加绿橘的影子，只是清爽些，飘忽些，像早晨的微风；柠檬和莱姆皆直朗酸涩，我尤其喜爱黄柠檬的气味，余韵带有木质感；红橘和绿橘气味相近，但红橘较稳重收敛，有些微蜜香，也没绿橘酸；柳橙的气味清爽甜美，调性感觉比进口的新奇士（美国甜橙）来得年轻有活力，其他还有葡萄柚、白柚、金枣、海梨柑等柑橘类水果，都值得去细细品味其独特芳香。

PERFUM
NOAL
20 ml. 0.7 oz.

香气萃取与实用手记

柑橘类果实精油。由左至右分别是：白柚、克莱蒙橙、柳橙、金桔、柠檬、金枣、葡萄柚

柠檬原精（左）、柑橘混合萃香原精（右）

1. 大部分柑橘类香料容易因光线、温度变化及空气中的氧而变质，寿命不长也不经久放，若非专门制作一款天然柑橘香水或古龙水，不需要向香水中添加过多的柑橘类香料。香水业中的柑橘香很多都先经过了去萜烯的过程，以求产品品质稳定。

2. 将柑橘皮以溶剂萃取并沉淀数日，最后蒸发掉溶剂，便可获得浓缩的柑橘原精。这种原精除了保有柑橘原本的香气之外，留香时间也非常长，我制作的柠檬原精，香气甚至可达十几个小时。同样以溶剂萃取的金桔原精，是调配金桔花香水的重要材料。

蜂蜜柠檬保湿霜

3. 采用 DIY 方式，手工挤压萃取，可以获得最新鲜的柑橘果皮精油，果皮较薄的柳橙、椪柑等种类萃取率较高。果皮粗的文旦柚，需先将白色部分削除以方便操作，萃取过的果皮也请勿丢弃，可裁剪成小段阴干，用来和粉状的芳香中草药（肉桂、茴香、八角、檀香等）制作合香，熏燃时会有意想不到的甜蜜气味。

4. 将油相材料（蜂蜡 30%、植物油 50%）和水相材料（纯正蜂蜜 15%、花水 5%）分置烧杯里，并同时隔水加热，待蜂蜡融化后，把水相材料缓慢倒入油相材料中，记得要不停地搅拌，然后离水，接着以小型电动搅拌器继续搅拌，直到完全乳化为止（浓稠无流动状）。等温度稍降，再加入约 2% 的维生素 E、维生素 B_5 及柠檬、伊兰伊兰、榄香脂、薰衣草复合精油，最后再充分搅拌混合即可。植物油可用橄榄油、米糠油、大麻子油、酪梨油随意组合；花水（纯露）用橙花花水、金缕梅花水皆可。

2

香葵

Abelmoschus moschatus

香葵的花与食用的秋葵相似

香葵别称黄葵、药虎、三脚破、三脚鳖、野芙蓉等，为锦葵科秋葵属草本植物，原产印度，现广泛分布于斯里兰卡、孟加拉国、中国及西印度群岛。香葵的花朵容易与一般食用的秋葵花朵混淆，分类上两者虽同属，且中文名又都有葵字，但从果实形态与植株差异来看，其实很好分辨。香葵茎细、果实肥短，而秋葵茎较粗、果实细长。香葵最大的价值在于它有迷人香气的种子，是天然香水领域里的高级香料。

早年急切追求各种奇异香气的过程中，“众里寻他千百度，蓦然回首，那人却在，灯火阑珊处”正好可用来形容我对香葵的感觉。因为在我心里，香葵和紫罗兰花、露兜花、波罗尼花、沉香、龙涎香等香料，都属神话等级般的香料，若能搜罗到这些香料，那该多幸福呀。

香葵果实

近年已经可从网络购得许多梦想中的香料，接触或搜罗到奇特香料的心情，就像赏鸟人看见了新鸟种一样兴奋。很多时候，刻意寻找某香料，未必能如愿，甚至受骗上当也是常有之事。我曾为了闻金银花原精而花去大把银两，结果只闻得化学香精充斥的仿香；也曾连续三个夏天，为了闻山林投传说中焦糖似的浓郁花香，每年依花期（六月）来到它的生长地，要么是一个花苞也见不到，要么就是花已然凋谢，还有一次看见两株正开花的山林投，无奈这诱人的花却开在峭壁上招摇，而我只能望花兴叹。

同样情况也发生在如龙涎香、沉香、麝猫香等奇特香料的追寻中，而就在香葵快要成为心中的香气神主牌之际，在某个艳阳高照的夏天，和朋友去宜兰石城海滨采购海鲜，我忽然注意到一处废轮胎旁那丛青绿间，闪耀着几朵黄花，第六感已然告诉我，就是香葵！我怀揣着满心崇拜，全然无视香葵果实上密布的扎手刚毛所发出的警告——想采集，请温柔些。

最终，我将采得的种子拿回家种植。第二年，从自己栽植的香葵收获了更多种子以萃取香气。市面可见的香葵籽香料，有经过多次分馏得到的黄葵内酯（天然单体香料），或是最常见的以蒸馏法萃得的精油，再者就是以液态 CO_2 萃得的原精。我则采了亲自栽植的香葵的种子，以己烷萃取原精，这真是无比美好的体验。

香气萃取与实用手记

香葵原精

形如肾脏的香葵种子，表面有细纹

1. 未经处理的香葵籽其实没有任何气味，萃取前必须先磨碎，香气才能释放出来。

2. 我分别用乙醇和己烷试验，制成香葵籽酊剂和原精，酊剂效果不很理想，我偏爱原精中散发出来的带有柔和花香同时又略具粉质感的香脂气味，与稀释后的麝香酊剂调和，是一款优质的香水底调，留香时间长，可用来定香。

3. 香葵几乎可以和任何花香一起调香，它赋予花香调香水丰美质感，更能加强某些以性感著称的花香气韵，若薰衣草加南瓜派无法勾引出你的性感想象，那么试试香葵加大花茉莉、白檀、山棕花和一点点肉桂及丁香，男生若想对女生展现性感魅力，可以再增添一些麝香，配方虽简，但香气绝对让人怦然心动！

4. 以分馏椰子油为基质，加入上述香葵、大花茉莉、白檀、山棕花和一点点肉桂及丁香，做成香水油或香膏，睡前涂抹耳后、胸前、人中或自己身体最性感的部位，此款调香便让我想到了沉醉爱情中的思春男女。

3 香荚兰

香荚兰的果荚

Vanilla planifolia

有“香料之后”之称的香荚兰，是唯一被利用在香料产业的兰科植物。香荚兰又称香草兰、梵尼兰、香子兰，或就叫香草，属于兰科香荚兰属，这个属包含了 110 个品种，包括台湾原生种“台湾香荚兰”。但能拿来生产香草荚的，只有墨西哥香荚兰、大溪地香荚兰以及大花香荚兰三个品种。

由于香草荚需经由人工授粉才能获得，还得经过繁琐冗长的杀青、发酵、干燥及熟化的加工过程，是非常耗费时间和人力的一种农产品，这也是香荚兰价格居高不下的原因。香草荚散发的气味一直为人们所喜爱，虽然鲜少被单独品尝，但却是许多产品的最佳配角，在各式饮品、西点等食物中，它让味道更为甜美，也应用于烟酒、茶叶、化妆品以及医药工业，市面上许多高级香水，多少都添加了香荚兰，它同时也是用来模拟龙涎香的重要材料。

世上令人难以忘怀的事情，也许都得历经几番刻骨铭心的磨炼，最终守得云开见月明，方能以平静心境细细品味发散出的甘美内质。气味也是，除人为操弄外，有的香料甚至因为加入了时间的催化，才得以将寻常气味化为动人香气，从香荚兰、鸢尾草根、广藿香、绿薄荷、檀香等香料中，皆可得到证实。香荚兰，那带一丁点儿溜酸感的木质甜香，非常特殊，即使现在市面上出现了众多几可乱真的香荚兰分身（香草精），但我相信感受过香荚兰香气的人，应该非常容易分辨出来。

香气萃取与实用手记

香草金桔润泽棒

香荚兰与萃取出的原精

由左至右，分别为以己烷、超临界流体、乙醇所萃取的香荚兰萃取物

1. 用无水乙醇做成的香荚兰酊剂愈陈愈香，应用于香水，是很好的底调，与雪松、檀香、木香、黑云杉、苍术等木质香料一起调香，可以平衡天然香水整体香气的调性；与肉桂、丁香、茴香、芫荽籽、胡椒等辛香料调香，可将辛辣特质调和得温润些。

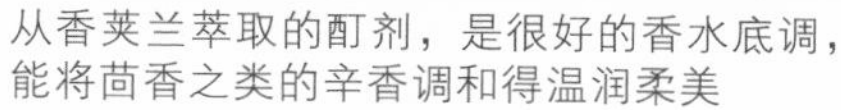
从香荚兰萃取的酊剂，是很好的香水底调，能将茴香之类的辛香调和得温润柔美

划开香荚兰果荚，可看见黑色细粒种子，这正是香气来源

2. 若想调配一款真正的浓情蜜香，用香荚兰、甜没药、木香、麝香酊剂为底，再辅以大花茉莉、山棕花、橙花，最后加入肉桂、大黄和柠檬马鞭草，无论制成香水、固体香膏或香水油使用都很棒，但香水的熟成时间至少得 4 个月。

3. 将步骤 2 的配方调入各占一半分量的硬脂酸及蜂蜡，制成香砖放在床头，夜眠连梦都是甜的。

4. 香草金桔润泽棒：以 1 份蜂蜡、2 份可可脂、1 份乳油木果脂和 1 份调和植物油（例如橄榄油加胡桃油）隔水加热，融化后，待温度稍降再加入香荚兰原精、金桔精油，调匀后快速倒入容器即可。用来涂抹身体或脸部干燥部位，可避免脱皮并滋润皮肤。

4

咖啡

coffee

咖啡树是茜草科常绿乔木，本科植物向来以含有特殊药效闻名，譬如茜草、钩藤、金鸡纳树等。以植物散发的气味而言，部分种类带有的特殊气味还真是令人意想不到，鸡屎藤和栀子花就是最佳代表。咖啡和鸢尾草根、香荚兰一样，皆需冗长繁复的加工过程才得以释放出醇美香气，像是历经沧桑、娓娓叙说动人故事的耆老，用心感受这些香气，每一次都有不同体会。

人类对于咖啡香不但迷恋且上瘾了几百年，但奇怪的是，咖啡香却鲜少被应用于香水中，我能想到的原因，一是咖啡香气太个性鲜明了，有谁想被闻起来很像咖啡呢？二是天然萃取的咖啡香和柠檬香一样，都属短命型香气，咖啡豆经烘焙后散发出的特有风味难以被攫取，当然现在有留香时间长的化学合成咖啡香精，但终究是无生命感的香料。

如今，咖啡是全世界人类社会最为流行的饮料之一，咖啡豆不但是重要的经济作物，除石油外，咖啡是全球期货贸易额度最高的。台湾在 19 世纪后期开始栽植咖啡，规模不大，但陆续也有如古坑咖啡等地方特色产品出现，相对于茶香附身于东方文化，咖啡香似乎与西方人文内涵较为契合。许多咖啡商品广告，以电影手法将人与咖啡之间的关系拍摄得引人无限向往，于是咖啡成了集文雅、时尚、品位于一身的农产品，品尝咖啡等于品尝悠闲生活。如果用咖啡调香，是不是同样能创造出一种闲散的香气呢？这是我萃取咖啡的动机。

香气萃取与实用手记

咖啡原精

以不同萃取法得到的咖啡原精成品。左为超临界流体萃取，右为己烷萃取

1. 市面上可见用溶剂、冷压及液态 CO_2 三种方式萃取的咖啡香料，都是以磨碎的烘焙咖啡豆为材料。我自己用溶剂进行萃取，可得深褐色咖啡原精，香气挥发如前所述，特有的咖啡香没停留多久，大约 10 分钟后，只剩烟熏般厚重的木质感香气，底蕴转为轻微脂香，但这部分就很持久了。令人诧异的是，这种原精难以溶于乙醇（难怪天然香水中少见以咖啡香料调香），但可溶于油性基质，制成香水油或香膏都可。

2. 将咖啡原精和香荚兰原精、大西洋雪松、鼠尾草、迷迭香、佛手柑、岩兰草精油一起调香，然后混入可可脂、椰子油、烘焙苏打粉、碳酸镁粉、葛根粉（或玉米粉），搅拌均匀后装瓶，就是一款气质迷人的固体体香剂。

5

香蕉

Musa sapientum

或许因为外公是蕉农的缘故，我对香蕉自有一种亲切感。香蕉不仅树形优美（其实是植株高大的草本植物），果实更是色香诱人，吃香蕉似乎也吃进了满满的幸福，自古无论中外，香蕉已经是人类最爱的水果之一。

香蕉气味甜腻且独特，对我来说，许多以香蕉制作的食品，也特别有刺激食欲的效果（也有人认为可抑制食欲）。记得以前有一种香蕉口味的口香糖，每每嚼着它，就会想来碗甘蔗汁熬炕的肉燥饭；酥炸香蕉蘸香草冰淇淋，是我吃过最好吃的香蕉料理。

香蕉是芭蕉科芭蕉属多年生植物，全世界约有 200 个品种。台湾香蕉引种于两百多年前，后于高屏、台中等地区广为栽植。当时，栽植面积达四万多公顷，是推动台湾农村经济繁荣的幕后功臣之一。

若要选一种快乐的水果，我会选香蕉，不仅因为香蕉皮含有丰富的色氨酸（Tryptophan），在人体内能转换成血清素（Serotonin），有助于缓和情绪，更因为香蕉的气味能让人产生愉悦感。那么，制作一款香蕉香水，是否也有同样的效果呢？这个念头，让我想尝试萃取香蕉的气味。

与其他水果比较，香蕉是典型的“呼吸高峰型”水果，也就是说，香蕉在成熟后，呼吸作用急遽上升，使得蕉肉中的大分子物质如多糖、脂类含量急速降低，并同时形成酯及醇等香味物质，此时的香蕉风味最佳，用来萃取气味最恰当。

香气萃取与实用手记

香蕉蜂蜜敷面泥

1. 由于香蕉果肉是主要香气来源，所以须将整根香蕉搅碎，再以溶剂萃取，多次替换材料反复萃取，最后除去溶剂，可得到香蕉气味十足的凝香体。

2. 由于香蕉的凝香体游离脂肪含量太高，并不适合制作香水，但用来制作香膏、固体香水或香水油却非常之棒!

3. 香蕉和柑橘类、花香调、香荚兰搭配可说相得益彰，缺点是香蕉气味消逝太快。

4. 香蕉蜂蜜敷面泥：将香蕉和橘皮搅碎，并调入蜂蜜、可可粉、白芨粉、麦冬，以水煎煮，调成泥状即可。于夜晚敷面使用，2 ~ 3 天敷一次，一次约 20 分钟即可洗去，有美白保湿作用。

6

凤梨

Ananas comosus

凤梨是凤梨科凤梨属草本植物，本科植物主要分布于中、南美洲及非洲中部的热带雨林，少数分布于高山或沙漠地区，多数种类被当作观赏植物。食用凤梨古名黄梨、番梨，又称菠萝，原是产于南美亚马孙河的热带水果，后经欧洲人带往世界各地。早在荷西时期，凤梨便来到了台湾，直至日治时期，开始有大规模栽植经营，随后于高雄凤山兴建了第一座凤梨罐头工厂，在“国民政府”迁台前，凤梨早已是台湾重要的经济作物。

与香蕉相比，凤梨的香气更容易萃取，其具有的酸溜甜香极易令人垂涎，是相当受欢迎的水果之一。凤梨香气发散的方式和香蕉不太一样，凤梨的香气多来自果皮，以酯类、醇类、烷氧基烷烃类和酮类物质为主，尤其是酯类化合物如丁酸甲酯、丁酸乙酯、乙酸乙酯、己酸乙酯等，是凤梨香气给人的主要印象。另外如十一碳三烯、十一碳四烯等倍半萜烃类化合物，虽含量极低，却是影响凤梨香气中“新鲜感”的重要成分，可惜此类化合物在萃取过程中极易消逝，难怪我萃取后的凤梨原精，香气就没有新鲜凤梨的感受，而是比较像加工后的凤梨罐头。

香气萃取与实用手记

用己烷溶剂萃取的凤梨原精

风韵犹存女人香

1. 萃取气味前，将果皮先以果汁机搅碎，再以溶剂萃取、过滤，经多次萃取后再除去溶剂，可得鲜黄色的浓稠状原精。

2. 用凤梨原精（10%）、白玉兰原精、玫瑰原精，加上罗马洋甘菊、伊兰伊兰、鼠尾草、甜没药、柠檬、佛手柑等精油，调入分馏椰子油，就是一款风韵犹存的女人香。

7

南瓜

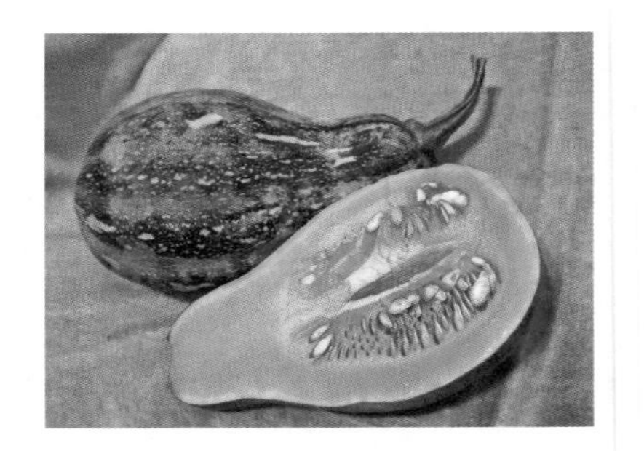

pumpkin

之所以想萃取南瓜气味，完全是受一则报道的影响，报道说男人闻到薰衣草加南瓜派两种香味组合时，较能被激起性欲；对女人来说虽然效果也不错，但挑起女人性欲，首要的气味来源则是小黄瓜、甘草还有婴儿爽身粉。

气味对人类影响最奇妙之处，在于有效的情绪触动，甚至跳过了情绪觉察，潜意识下直接引发一连串的生理反应。这种现象在许多婴儿与母亲之间的气味联系、在都市大众运输系统中应用气味来减少社会暴力行为，或者一直以来，让人好奇的各种费洛蒙对人类（动物）的种种影响等研究中多有所见。而香水，从古至今也有不少关于诱发性欲的秘方（譬如秘鲁的 Chamico 香水），效果如何就和神话传说一样，已经不再是重点了，让人匪夷所思的美丽故事，才是这些宛如春药般的神秘香水继续流芳百世的动力。如今，这种经过科学验证能有效引发男人性欲的“薰衣草加南瓜派”香气，又怎能不让人心动呢？

说实在的，对南瓜气味毫无印象的我，再怎么跟薰衣草做联结，也无法有任何气味想象。幸好我是个喜欢实验的人，从市场买来的南瓜，先是比较蒸熟南瓜与生鲜南瓜的气味，然后决定以生鲜南瓜的中央部分进行南瓜气味萃取（熟南瓜因为高温已气味尽失）。接着，考虑到从没吃过的南瓜派气味，那该是有多种口味吧，但最主要的材料，除了南瓜，就是鸡蛋、牛奶、糖和面粉，所以我试验了两种调香配方，一种是简单的薰衣草加南瓜原精；另一种是薰衣草加南瓜原精，还有水菖蒲（模拟牛奶香）和香荚兰原精（模拟蜜糖香）。但无论如何，薰衣草加南瓜，实在无法让我有任何性欲想象。

香气萃取与实用手记

刮取气味较强的南瓜心部位，以己烷浸泡萃取

南瓜原精

1. 用溶剂萃取生鲜南瓜，得到美丽金黄色的南瓜原精，气味如同真实的南瓜气味。

2. 薰衣草加南瓜原精的气味很特殊，有种说不出的奇异感受；另一款加了水菖蒲和香荚兰原精的薰衣草南瓜香气，就好闻许多，会令人联想到美味的食物。

Part 5

天然香料 草叶与其他篇

记忆中你淡淡的花是浅浅的笑
失去的日子在你叶叶的飘坠中升高
外太空中寻不着你颀长的枝柯
同温层间你疏落的果实 一定白而且冷
——商禽《树》

你能想象生活中一些无意识的举动或行为，很有可能是某种费洛蒙所引发的吗？人与人之间的缘起缘灭或许也与此相关，又或者，有比费洛蒙更加细微的东西所牵引，譬如念力、想象。但你不必为此伤脑筋，因为我也不懂这些，我只是敞开心扉，专注于生活中任何散发出来的气味，用想象的鼻子萃取那些有趣的香气。

我很喜欢一位日本香气艺术家上田真希（Maki Ueda），她数次将气味与生活、艺术结合而创作的行动艺术（Action art），引发了我不少关于气味的想象，有兴趣的读者可至她的气味实验室部落格看看（http://scent-lab.blogspot.tw/）。

草叶香料一般予人药草印象，不若花香或果实香气让人感觉美妙，因此，适合用来做香水的种类相对就少了许多。仅少数几种如紫罗兰叶、薰衣草、马郁兰、迷迭香、龙艾、干草原精（Hay Absolute）等，持续被应用于调香。但如果发挥想象力，草叶香料（或是生活中任何能被萃取出气味的香料）仍有令人惊奇的效果，你能想象九层塔加伊兰伊兰会有多热情奔放吗？

1

百里香

Thymus spp.

百里香

柠檬百里香

唇形科植物多半低矮，看似柔弱，但随环境变化，容易反映土地特性，进而产生各种适应。此类能屈能伸的“大丈夫”型植物，在芳香疗法中占有一席之地，罗勒、马郁兰、薰衣草、薄荷、迷迭香，皆赫赫有名，适应环境的结果则表现为各自身怀的绝技——化学型（chemotype 或 chemovar），例如沉香醇罗勒、甲基萎叶酚罗勒、丁香酚罗勒以及茴香醇罗勒。而百里香，更是高手中的高手，其化学型是唇形科植物中最为多样的，百里香酚（Thymol）、香荆芥酚（Carvacrol）等，是构成百里香香气的特色成分。

别称地椒、麝香草的百里香，是唇形科百里香属植物，全世界约 350 种，人为栽植品种亦超过 60 种。原产地中海地区，自古就被作为香料和药物使用，用于杀菌防腐、烹饪、驱虫、护肤、护发等，功效尤其卓越。想处理生活层面各式疑难杂症，不得不仔细选择百里香，以收事半功倍之效，例如香荆芥酚百里香、百里香酚百里香、野地百里香，适用于抵抗各种真菌、霉菌、细菌或病毒；香叶醇百里香对治妇科感染问题，既有效又不会太刺激，因此有

“mother thyme”的别称；沉香醇百里香虽最温和，抗菌效果同样不失水准，很适合小朋友使用。

百里香气味强劲、鲜明，具有强大保护力。用沉香醇百里香制作免洗洗手液、体香剂（Deodorant），仿佛身体有了无形盾牌保护着。若有感冒前兆，于一匙橄榄油中滴1或2滴百里香酚百里香精油，用来漱口（针对喉咙部位），早中晚及睡前各一次，可及早防治或免于看医生吃药。

香气萃取与实用手记

将新鲜百里香、罗勒、薄荷和芹菜搅碎后，添入手工皂中（图中间那块），会有可爱的天然色泽及香气表现，若想加强气味，也可增添该植物的精油入皂

1. 百里香耐烹饪时的高温，因此我想也应该适合入皂。曾以百里香等新鲜香草加入手工皂中，成皂效果不错。若以百里香精油入皂，可能会加速皂化。

2. 用己烷萃取的百里香原精，草本麝香气味浓烈、阳刚，和香叶万寿菊原精搭配薰衣草、鼠尾草、暹罗木、黄柠檬等精油，可共组一款驰骋原野的绿色香气。

百里香原精

2

迷迭香

Rosmarinus officinalis

原产北非、地中海邻近区域的迷迭香，别名海洋之露、圣母玛利亚的玫瑰、万年老等，是一种广受人类喜爱、应用广泛的香草植物。早在三国曹魏时期，大秦商人（古罗马商人）就带着迷迭香经西域来到了中土，因此迷迭香又有“大秦香”的称号。中国历史上，曹丕、曹植两兄弟是出了名的迷迭香爱好者，除邀请文人雅士参与迷迭香赏析聚会、制作迷迭香香囊佩戴之外，还各自为此香草创作《迷迭香赋》，醉心之程度可见一斑。

迷迭香的中文名称自古即称“迷迭”，以字义言，有两种意思，一是反复于混沌的香气，另一是停止混沌的香气，我想应该是后者，因为迷迭香向来以清神醒脑、增强记忆而著称。

迷迭香是唇形科多年生常绿灌木，依外形及生长习性，可分为直立型及匍匐型两个品系，直立型较为常见，因为栽植容易。在芳香疗法中，植物精油的化学形态又分为三种：桉油醇迷迭香、樟脑迷迭香以及马鞭草酮迷迭香。最常见的桉油醇迷迭香及樟脑迷迭香，全株散发之气味类似桉树（尤加利树）、樟脑，有益于呼吸系统、筋骨关节，还能帮助思考；少见的马鞭草酮迷迭香，气味比较温和，有益于神经系统和排毒消化系统，但因产量少，价格偏高。总之，现代医学研究发现，迷迭香含有多种抗氧化活性成分，而迷迭香酸①是其中最特殊的，应用于医疗、食品、保健品、化妆品等领域，有防腐抗菌、抗肿瘤、抗发炎、提神醒脑、增强记忆、护肤护发的功效。

将迷迭香应用于香水，印象最深刻的莫过于14世纪风靡欧洲的“匈牙利皇后水（匈牙利水）”，虽说它也是世界公认最早出现的含酒精的香水，但以现今香水制造过程来看，反而比较像一款功效奇特的化妆水或保养水，有很长一段时间，人们都相信，无论饮用、涂抹还是沐浴匈牙利水可以让面容变得年轻，也可以抵御疾病。

最初版本的匈牙利水，做法是将迷迭香浸泡于酒精中再蒸馏出来，成分仅酒精和迷迭香两种；后世版本则额外添入柑橘、薰衣草、百里香等其他香料。蒸馏酒精与迷迭香的组合，不但有卓越的杀菌功能，滋润效果亦受到赞扬，而这个配方在现今保养品中依然寻觅得到，例如英国LUSH有一款润肤霜产品Skin's Shangri La，成分就含有匈牙利水，是将迷迭香叶浸泡于伏特加中调制而成。另一流传至今已有两百多年历史的德国科隆水（古龙水）品牌4711，据说配方就是改良自匈牙利水，主要以柠檬、橙花、迷迭香等香料构成，香气清爽怡人，喷上它就像刚沐浴后一样舒适。

① 迷迭香酸（Rosmarinic acid）是一种水溶性酚酸类化合物，具有强效抗氧化、抗发炎能力，主要存在于唇形科、紫草科、葫芦科、椴树科和伞形科等多种植物中，尤以唇形科和紫草科植物中含量最高。我们熟悉的一些药草——仙草、紫苏、到手香，也含丰富的迷迭香酸。

香气萃取与实用手记

草叶类香料很适合做成香砖，可以驱逐令人尴尬的体味，只要掌握主要材料硬脂酸和蜂蜡以 1：1 的分量调制，然后自行加入 10% ～ 20% 的香料。以雪松加鼠尾草，能展现阳刚气息；调入迷迭香、薄荷、岩兰草，放入口袋或背包，则能随时带来隐隐然的飘香

迷迭香古龙水

1. 用己烷可以萃取出原精，迷迭香原精除了固有樟脑、桉油醇气味之外，还带有一股清淡的草本甜香。将侧柏叶、红花、皂荚、大叶细辛根、当归等药材各一份，以植物油（摩洛哥坚果油加上荷荷巴油）浸泡，最后滤掉材料，再加入迷迭香、柠檬桃金娘、大西洋雪松等精油（精油量 2% ～ 5%），制成按摩油，洗发前用以按摩头部，可刺激毛发生长。

2. 我尤其喜欢迷迭香和大西洋雪松、鼠尾草调和出来的香气，以此为基调，再加入佛手柑、龙艾、柠檬马鞭草及薰衣草，做成古龙水于梳洗后使用，会有爽朗清新的感受。

3

台湾香檬叶

Citrus depressa

台湾香檬叶除了强烈的柠檬味，另有一股麝香，香气比柠檬叶持久

初识一种香气，仿佛又打开了一扇知识的大门，走入门内便是刘姥姥进大观园，举凡植物科属、产地、化学形态、香气属性、芳疗或香水应用等，就像蛛网似的小径一样铺展在眼前，于是又会想知道这些小径是通往哪个香气国度。

在我疯狂迷恋柑橘花香气时，就有这番感受，从苦橙花开始，然后金桔花、柚花、柳橙花、橘花、柠檬花、台湾香檬花，一直到柑橘植物的叶、果、枝，最后扩及降真香（Acronychia pedunculata）、山刈叶（Evodia merrillii）、过山香（Clausena excavata）、芸香（Ruta graveolens）、七里香、花椒等芸香科植物，总是好奇这些香气闻起来如何？是否能够提炼香气，制作香水？研究资料加上实际试验，过程可谓芬芳而充实。很多国外香料都可购自网络，但我更高兴的是，从周遭环境可以发掘出与众不同的当地香料，台湾香檬叶原精就是这么来的。

芸香科植物的叶子通常也都有明显的气味

台湾香檬又称扁实柠檬，是台湾四种原生柑橘之一，客家语称山桔仔，闽南语称酸桔仔，仅分布于中国台湾和日本冲绳岛（自台湾引种过去），据说该岛长寿村居民将台湾香檬当作日常饮料及食材，而有福尔摩沙长寿果之名号，原本不受重视，近年才从日本红回台湾，目前于屏东有专业栽植。

台湾香檬特有的川陈皮素（Nobiletin）、橘皮素（Tangeretin）等植物类黄酮，是其他柑橘类植物所没有的，维生素 C 亦达柠檬的 30 倍，且含多种营养成分，对于缓解骨质疏松症、预防更年期综合征等有良好效果，对人体有很多帮助。住家附近的山丘有几株自生自长的台湾香檬，花期都早于其他柑橘树，是我在春天最期盼见到的柑橘花。台湾香檬花香气清爽高雅，几乎和柠檬花雷同，但更多了一分甜美。由于柑橘花香气多半可从叶子嗅出轮廓，有次揉碎几片香檬叶感受气味，真是让我大为惊喜，是一种清新得不得了的强烈柠檬味，隐约中还藏着一股麝香，香气比柠檬叶持久（柠檬叶被摘下后气味稍纵即逝），于是当下就决定进行气味萃取试验。

香气萃取与实用手记

台湾香檬叶原精。颜色深绿，质感浓稠，调入香水中立刻转为柠檬黄色调，美丽极了！适合与柑橘花、永久花、桂花或迷迭香、薰衣草、艾草等药草类香料一起调香

台湾香檬叶香水油。将香檬叶原精加上橙花、鼠尾草、佛手柑、暹罗木精油，调入30%荷荷巴油，简简单单就可以享受到春天的青绿花香

1. 用己烷可萃得暗绿色凝香体，再以乙醇反复萃取，最后蒸去乙醇，可得原精，台湾香檬叶原精的气味，除特有的柠檬香气外，浓烈而厚实的绿色草叶气息中，带有麝香质感。

2. 台湾香檬叶原精与荆芥原精（分别占调香总量的30%与10%）、柚花原精、七里香花原精、香葵、玫瑰天竺葵、苏合香、绿薄荷（少许）及乳香酊剂（1%）一起调香，就可勾勒出春日雨后万物复苏的鲜绿香气。若希望多些柔美感觉，可将绿薄荷改为金桔，同样，分量不必多。

4

紫菜

海，是什么样的气味

干燥的海菜

Porphyra spp.

海洋是什么气味呢？咸咸的海风、劳苦的渔船，还是海天一色的辽阔氛围？香料固有的香气印象不仅代表香料本身而已，更多时候，它是一种感觉、一段回忆或一些创意想象，气味或许依赖感受客体而存在，但真正重要的仍是亲自体验。

对我来说，海洋是个聪明而美丽的女生，那年骑着野狼 125 载她穿梭于垦丁人烟稀少的幽秘胜境，看她兴奋地跪在地上亲吻一头小牛，看她举起双臂让海风摩挲青春躯体，也看她依依不舍地离开；海洋是两个热血狂妄的青年，在星空下的枋寮海边，猛灌啤酒强说愁，果真愁极了，便驾着货车在屏鹅公路上追风；海洋或许是一位好友与海口女子的相逢吧，所有关于意念、情境、感觉的想法，终究不离一厢情愿，天真烂漫而已。那么，海洋终究是什么样的气味，可有哪些香料描绘得出来？于是，我将好友女友赠予的、来自家乡海洋的干紫菜，用来萃取原精，调制那充满想象的恋情。

现代香水气味分类，除原先的花香调、木质调、柑苔调、东方调等，在 1991 年也出现了所谓的海洋调（Oceanic / Ozone），事实上，那是用化学合成香精（海酮 Calone）模拟出来的，气味洁净透明如流动之水，常见于中性香水的调配。紫菜（或海藻）、龙涎香、牡蛎，是少数会让人联想到海洋气息的天然香料，然而，只有紫菜带有咸咸的海风感觉。

香气萃取与实用手记

紫菜原精

气味独特的海洋气氛香水

1. 用己烷溶剂可萃出紫菜原精，气味就是天然紫菜的海洋印象。质地浓稠，调入香水中会渲染出一片淡淡的青绿色，有如年少青春的样貌。但气味反而有些历经沧桑。不适合与木质类香料调香，除非是稍带一丝甜香的愈创木或白檀。

2. 将分别代表海风、海水、土地、被侵蚀的岩石、朽木以及强烈日光的紫菜原精、紫罗兰叶原精、银合欢原精、岩兰草、红檀木、暹罗木、姜与莱姆精油一起调香，是我以天然香料勾勒出来的海洋香气，做成的古龙水很适合男生使用。

5

焚香、熏香

Incense

人们借一炷清香传达了心中的愿念

在香水香调中，木质气味的感受是坚毅的、低沉的、温暖的、直线的。因此，木质调几乎等于男性专属气味，而能散发出木质气味的香料，不全然都来自松杉柏等木本植物，草本植物如广藿香、岩兰草、香附、木香的香气里，多少也衬着些木质感。另外，像皮革调、熏苔调、柑苔调、烟香调（smoke note）也和木质调一样被认为是具有男人味的香调，通常此类香调中的花、果成分相对不多，有别于女性专属的花香调、果香调或东方调。

然而，以现代天然香水的内涵及发展趋势来看，其制作过程从一开始的发想设计、创意、关心的议题到多样奇特的香料选择，只要香水整体调性不是太偏粉味花香，其实已经男女无别了，追求个人独特品位、标志记忆中无法忘怀的气味、塑造独一无二的产品定位，或是仅仅纯粹享受香气带来的美好回味，香水的创作空间其实是无穷尽的；或者应该这么说，就是气味吧，气味直接赋予了香水所有的可能。

生活中充斥着各种气味，有嗅觉感受得到的真实气味，也有共感觉（synesthesia）感受出来的想象气味，似乎气味的本质同时兼备了真实与想象。曹雪芹以《红楼梦》对人生下注解："假作真时真亦假，无为有处有还无。"若说人生本就是虚晃一招的烟雾，那么这烟雾会有气味吗？气味的真实感受，恰如真假实虚般的人生，亦绝非香与不香如此二分。人生闻起来像什么气味？这是一个创作香水很好的点子。

曾在某个需要专心工作的夜晚，待一切就绪，却察觉到自己仍有些心浮气躁，迟迟无法动工，于是立刻启动了对我非常有效，自称是安神定性SOP（标准作业程序）——焚香。打开香炉，添入调和好的静心凝神香，点火后，歇坐片刻，闭目缓和呼吸，所有动作流程一如往常。但那晚实在奇怪，当我睁眼准备工作时，竟无视于案前明摆着的压力，霎时脑海空白一片，身体赖床般软瘫舒适靠着椅背，然后慢慢地有什么东西被显影了出来。是庙，是一座香火缭绕，有众多善男信女投以虔诚心愿祈福的老庙，过了一会儿，影像终于清楚了，原来是龙山寺嘛！内心笑着思忖何以脑海中出现龙山寺。我仍瘫坐椅上无任何动作，焚香持续散发出缓慢、忽现忽杳的清香，身心正处和谐安定状态，思绪逐渐清朗，想起不久前，行天宫决定禁止信众烧香祭拜所引发的争议。

焚香、烧香、熏香、煎香，乃人类心灵伴随社会文明演绎而来的行为，从古至今无论中外，举凡宗教、祭典、医术、嗜好，甚至烹饪等，皆时常可见。来看拜拜烧香，香料经火的淬炼而将香气释出，香烟袅袅流淌而上，最后消失于无形，于此短短数十分钟，人们寄予香烟上达神庭的虔诚信念该有多大的能量呀！不禁想到几年前，曾经历一场大病，住院三个月，差点升天，病愈后自一位阿姨口中得知，从未在我病榻前掉过一滴泪的母亲，竟忧虑到无所适从，之后母亲来到龙山寺，哭倒在神像面前长跪不起，每日为我烧香祈求早日康复……此时，我忽然意识到脑海中莫名出现龙山寺之缘由。

四周依然安静如故，连几公里外那只领角鸮的呼呼鸣叫都清楚得不得了，空气中焚香气味仍在，我转头凝望那只香炉，轻烟自炉隙干冰似的流出，东飘西移缓缓上升，接着飘出窗外。我意会了人们在焚香或烧香行为中与上苍真诚述说自己的人生，什么苦呀愿呀、男欢女爱、祈名求利、生老病死等人生芝麻绿豆事，全都给说进了香烟里去，我要说的是，千万别忽视了这几炷带有真诚信念且含人生意味的香。因此，焚香或烧香所产生的香烟，其气味（烟香 smoky scent）似乎最能代表我想象中人生的气味。

香气萃取与实用手记

焚香原精。初萃得时，真是让我讶异到张开了嘴巴，那气味简直就是一座庙，如此鲜明又有趣。适合与辛香料、果实类香料一起调香

焚香己烷萃取

1. 决定要制作人生香水，首要香气就是烟香，虽然在天然香料中，烟草原精、中国雪松、桦木的气味（带有熏乌梅般的烟香）也都带有程度不一的烟香特质，但我总觉得少了几分幻化意涵，那是种宽广又深邃的生命感，是苦香。我用溶剂直接从香炉萃取焚香凝结之物，反复多次萃取，最后蒸去溶剂，得到深褐色焚香原精。此原精洋溢着浓厚的烟香气味，还带有一丝辛甘、酸涩、略带苦味的木质感，也能让人一下便联想起庙宇的气味印象，仿佛闻了香气，便能看到向神佛述说人生故事的虔诚信众。

2. 将焚香原精（5%）与丁香原精、梵尼兰原精以及小豆蔻、姜、伊兰伊兰、柑橘花原精、柠檬等精油，再加入小茴香精油（5%），一起调和成人生中的酸甜苦辣，此款人生香水，男女皆适，香气耐人寻味。

6 天然单体香料

Natural Isolates

分别来自薄荷及龙脑香的天然单体香料。图中左为薄荷脑，右为龙脑香

香草精

仅具单一化学成分（单一气味分子）的香料，称单体香料（Isolates，或单离香料）。根据获得此单体香料的材料来源，又可分为天然单体香料（Natural Isolates）及合成单体香料（Synthetic Isolates），例如从山鸡椒或柠檬草精油中，以物理方法分离出来的柠檬醛（Citral），就是天然单体香料；但在实验室中，将香叶醇或芳樟醇，利用催化剂作用制取的柠檬醛，即为合成单体香料。天然单体香料来自天然香料的一部分，它必须是“被分离而来的”，而不是由其他材料创造出来；但现在仍有学者主张，所有单体香料都属于合成香料。

另一容易让人混淆的名词——天然等同香料（Nature-identical），是指与天然香料有着相同化学结构的合成香料，此种香料常被用于食品调味。例如来自香荚兰果荚的香草精是天然单体香料，而目前许多人工香草精，虽然化学结构和天然香草精一模一样，但因为是化学合成制造出来的，所以属于天然等同香料。由于生产容易，价格自然比天然香草精便宜。无论如何，天然等同香料就是一种人造合成香料，与天然香料一点都不同。

天然香料（精油、原精、凝香体等）虽说其气味成分更为复杂，但大自然已经做了最佳安排，成分比例之间拿捏得恰到好处，说白了，我们只要打开鼻子好好享受芳香即可。每一种天然香料皆有其独特的气味性格，都值得好好赏味，因此，在没能好好探究天然香料之前，建议别轻易尝试天然单体香料，否则你将发现，天然单体香料调配出来的香水，闻起来一点都不天然，甚至像极了化学合成香精制品。

Part 6 天然香料

芳香中草药篇

松下问童子
言师采药去
只在此山中
云深不知处

——贾岛《寻隐者不遇》

如宝山一样的中药店，有许多让人怦然心动的芳香中草药；然而多数人对于中草药的香气印象，不外乎当归味、陈皮梅味，或是那望之俨然的陈年木柜里充斥的神秘气味。

所有中草药都有独特香气，浓淡馨香不一而足。在中药里，除五味（辛甘酸苦咸）之外，还有一类以“芳香”著称的芳香中草药，这类药材大多能化湿化浊，开窍、走窜，在气味表现上更能刺激嗅觉，引发想象。因此，极适合单独萃取出香气成分，用来调香。

1

肉桂

Cinnamon Bark

大叶肉桂

公元前15世纪，肉桂由香料商人以海运方式，自印度南部沿阿拉伯一路传到埃及，初始即由腓尼基人在地中海区域进行交易[①]，而后逐渐遍及欧洲大陆，是最早被使用的香料之一，受欢迎的程度不亚于胡椒。

肉桂原产于华南、南亚热带及亚热带地区，古称桂或菌桂，然而“桂”字，在中国古书中却代表了两种植物，一是木樨家族中的桂花，另一才是樟树家族的肉桂，这两者在《楚辞》中均被视为香木。若提到人类对于“桂”的利用程度，肉桂远远较桂花来得广，它除了是辛香料食材外，也被广泛应用在医疗、熏香、防腐、化妆品、牙膏等生活用品中，还是可口可乐由来已久的秘方。

① 考古学家在以色列海法（Haifa）的Tel Dor遗址中，挖掘出许多3000年前的腓尼基长颈瓶及器皿，腓尼基人是当时当地最出色的航海家及商人，从这些出土器皿中检测出了肉桂醛，证明在远东和现今以色列地区之间，曾有肉桂贸易。

台湾土肉桂

肉桂属于樟科（Lauraceae）肉桂属，这一属的植物都有肉桂芳香，全世界约有100种，其中锡兰肉桂（C. zeylanicum）和中国肉桂（C. cassia）的应用最广，市面上如果没有特别提及，一般均指锡兰肉桂。台湾也有6种特有的肉桂属植物，土肉桂（C. osmophloeum ）是近几年被大力推广的当地肉桂，据研究，土肉桂叶的肉桂醛含量不亚于一般的桂皮，商业价值颇高。

肉桂皮

月桂叶

另一种有“桂”字的芳香植物称月桂（Laurus nobilis），它是西方温带气候区唯一原生的樟科植物，也常被应用在食材料理、医疗方面，和肉桂不同的是，我们只利用它的叶子。

肉桂全身上下都是宝，桂叶、桂枝、桂皮各有不同的功效，其中桂皮的价值最大。肉桂气味辛辣甜美，其中，锡兰肉桂所含的丁香酚成分稍高，所以气味较中国肉桂温柔且多了些木头气质；中国肉桂则耿直如冲动的白羊座，甜美气味淋漓尽致，这也是肉桂醛的特质；土肉桂的气味与中国肉桂相似，但没那么呛，台湾早期有一种类似纸张的零嘴，上面涂以肉桂糖，辛凉甜腻的滋味让多数小童都爱，那肉桂糖就来自土肉桂，它也是唯一叶子可食用的肉桂品种。

香气萃取与实用手记

肉桂利口酒

肉桂手工皂

1. 将肉桂、檀香、丁香、八角、大黄、乳香各取等量，研末制成合香（肉桂、檀香也可略多一倍），在阴湿环境中熏燃，可以立即消去沉闷氛围。

2. 调配肉桂香水时，可先将 1 ~ 2 支肉桂棒浸入乙醇一个星期，制成肉桂香水基剂（肉桂精油因太过刺激皮肤，不建议使用），要注意浸泡时间不可过久，否则颜色偏红将影响成品美观。以泡出的肉桂香水基剂与柳橙、月桃籽（也可用小豆蔻替代）、玫瑰天竺葵、大西洋雪松等精油调香，可以调制出一款如冬日暖阳般气味的香水。

3. 肉桂利口酒：用苹果汁和肉桂等香料浸泡威士忌，制作肉桂利口酒。由于是要入口的，所以灭菌也得彻底。装瓶前，我用针筒过滤器灭菌，只能小量制作，然后设计标签粘上，万万没料到自己会舍不得喝，仅浅尝剩余不够装瓶的部分，真是甘美醇口，齿颊留香！

4. 肉桂手工皂：DIY 含肉桂精油的产品一定得小心分量的拿捏！曾做过两次肉桂手工皂，刚开始迷恋肉桂香气时，大量添加肉桂精油（才 10%）入皂，结果洗后感觉有种咬皮肤般的刺痛。后来第二次减量至 2%，就可以完全将我爱的肉桂香气淋漓展现，皮肤也没刺激感了。肉桂皂洗后通体舒畅，消毒杀菌效果一级棒。

2 白芷

Angelica dahurica

白芷粉

个性鲜明，气味强烈是许多伞形科植物共通的独特性质，这群植物成员，全世界有280属3000种以上，台湾有19属42种，常见自生于墙角或盆栽的雷公根、天胡荽，春天长满山径旁的水芹菜，群聚北部滨海严峻环境的滨当归等，在各种环境都有它们的踪迹，其中当归属（Angelica）、茴香属（Foeniculum）、欧当归属（Levisticum）、欧防风属（Pastinaca），有较多种类被广泛应用在香料或医疗方面，对人类生活有非常大的贡献。

白芷是当归属植物，属名源自angelos，意指这类植物仿佛具有天使般祝福的良好药效，其中“香豆素衍生物”是白芷很独特的成分，自古以美白作用闻名，不过必须注意它的光敏性（photosensitivity）[①]。

① 会使皮肤对紫外线的敏感度增加或产生过敏的物质，统称光敏性物质。常见光敏性物质的来源有白芷、荆芥、防风、柑橘类精油、欧白芷根、柠檬马鞭草、万寿菊、阿密茴、圆叶当归、芹菜、菠菜、香菜、无花果、芒果、凤梨、阿司匹林、水杨酸钠、四环素、口服避孕药、雌激素等。使用含光敏性成分的产品后，请勿做日光浴，一般日常涂抹以衣物遮挡无问题，晚上使用也不会有问题，但如果是孕妇、孩童或过敏体质者，则不建议使用。

《楚辞》中出现次数最多的香草即白芷，古名称茝、芷、药、莞等，屈原视它为君子象征，据说孔子身上也常佩戴。白芷即使经过炮制、干燥等人工处理，依然散发着一股厚重而诱人的浓香。中药白芷是来自白芷植物的根制品，依不同产地又称禹白芷、兴安白芷、川白芷或杭白芷，切面纯白似粉，味苦咸，若只取其香，其实都差不多。

市面上可见适合用来调香的当归类精油，如欧白芷根（A. Archangelica，又称西洋当归、欧独活），气味较白芷清透，多了点木质感，后味则和白芷一样，呈现一种麝香般的余韵。白芷也适合制成酊剂使用，留香时间长达两天之久，可用来定香，然而，在香水中切记勿添加过量（至多 1%），否则其他香味皆会被白芷所掩盖。稀释后的白芷加橙花，会有蜂蜜般的香气。

曾经非常好奇古人将芳香植物佩戴在身上有什么感觉，因此我参考潘富俊的《楚辞植物图鉴》中所归纳考证的香草香木类（34 种），挑出其中方便寻得且香气较强的 12 种，将这些原料碾碎放进小布袋中做成香囊，想象如古人般佩挂香囊于腰际，随着步伐必能享受阵阵香气，实验结果却香气甚微，必须搓揉这个小香囊，鼻子凑近才能感受到它的芳香；我怀疑古人使用的会不会是新鲜香草呢？后来，萃取这些香料气味做成香膏，取名“楚香”，涂抹手上后，立即感受到一种悠然淡雅，似乎带着时间感的药草香瞬间化开，仿佛来到了屈原的香草水涯，而贯穿其间的白芷主味，恰如一位风度翩翩的君子。

香气萃取与实用手记

楚香香膏

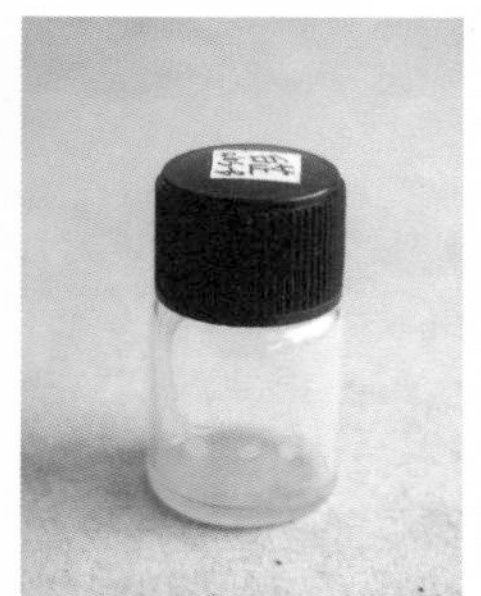
白芷原精

九层塔原精。如此橙黄美丽的九层塔原精，气味可谓美不胜收到了极致！只是我还不知该如何用它来调香

楚香香膏：采用白芷、川芎、泽兰（兰）、九层塔（蕙）、杜衡、高良姜（杜若）、水菖蒲（荪）、花椒（椒）、肉桂（桂）、橘、柚（橘子、柚子精油）、桂花12种香料，将香料浸泡于橄榄油、甜杏仁油或葵花油中，以隔水加热方式（温度不可高于50摄氏度），萃取三次（每小时一次）；多次替换材料能让香气较浓郁，萃取之后即为香油。各香料分量随意，拿捏标准以自己喜好的香气呈现为主，我调制的楚香中白芷略高，因为想用白芷代表屈原的君子气韵。再于香油中加入蜂蜡（香油与蜂蜡的比例为2∶3），便可制成香膏。

3

川芎

Ligusticum chuanxiong

和白芷同样属于伞形科植物家族，但它不是当归类，而是藁本类（Ligusticum）。藁本（L. sinensis）也属芳香中草药，它的香气过于草莽，不若川芎清丽。川芎原名芎䓖，又称蘼芜，《楚辞》中称“江离”，列为香草；唐代后期，因四川地区产量多且品质佳，故惯称“川芎”。

除了食用之外，古人常用来和其他香料合香，做成香囊随身佩戴。中药中的川芎，主要有“川芎”及“日本川芎”两种，利用的部位是在地面下的结节状拳形团块根茎，是常见的进补中药材之一，有活血行气，祛风止痛的功效，人说“头痛不离川芎”，可见是治头痛良药。

川芎内含挥发油、生物碱、有机酸等活性成分，挥发油中的藁本内酯、香桧烯等是气味的主要成分，兼具厚实及轻扬两种特性，感觉像是清淡版的当归味，容易让人联想到美味的当归鸭，很有食物感。如此气味的香料应该难以驯服吧，不过我发现，川芎加了玫瑰之后，竟然能和谐地谱出一种相得益彰的气味，玫瑰收敛了川芎的奔放，而川芎则张扬了玫瑰的甜美。川芎酊剂气味浓郁，留香时间长，特别适合用来定香。

香气萃取与实用手记

这是用乙醇萃取的川芎原精。乙醇也可萃出原精，只是品质要杂得多。用超临界流体和脂吸法萃得的原精，品质皆优于己烷萃得的原精，而己烷萃得的原精，又比乙醇萃得的优

东方神秘香氛

1. 用乙醇浸泡川芎即可制成川芎酊剂，想气味浓一点，几次替换材料，反复萃取即可。

2. 川芎酊剂与薰衣草原精、大黄原精、丁香、玫瑰、茉莉、乳香、柚子和麝香，可调制出具东方神秘感的香气，酊剂添加量不宜超过 1%。

3. 川芎原精气味多了青草气息，加白松香①可以产生清脆感的芹菜味，非常好闻。

① 白松香（Ferula galbaniflua），英文名 Galbanum，又称格蓬香、枫子香，产于地中海至中亚一带，也是伞形科植物成员。初次闻到白松香就有种莫名的喜好，它是我一见钟情的气味排行前几名，个性鲜明独特，带有强烈绿色感草腥味，添入香水可以转化厚重甜腻的花香味。

4

苍术

Atractylodes lancea

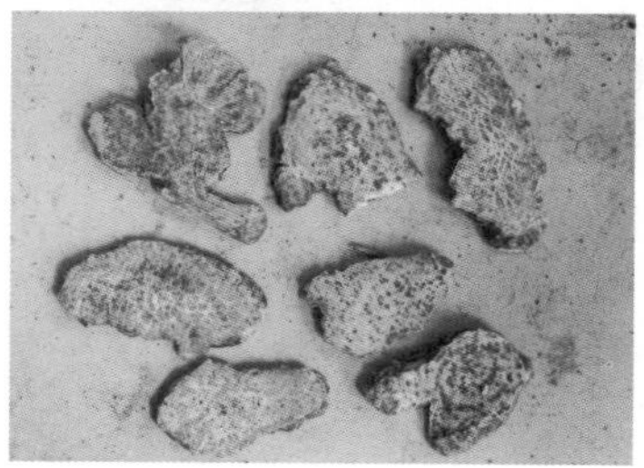

苍术含丰富挥发油，有很好的灭菌效果

逢端午节，市场上常见的端午植物应景热销

2002年SARS在广东爆发，旋即扩散至亚洲各处乃至全球，造成不小恐慌，其间苍术因其优异的杀菌效用而走红，一度价格暴涨且供不应求。

焚苍术，就是民间传统用苍术来消毒空气的习俗。据说始于先秦时期，古人普遍认为五月是毒月，五月初五端午节更是恶日，这天百毒丛生，邪魔四起，而忧伤的屈原也在这天投江自尽，人们遂有悬菖蒲、艾叶、榕枝，焚苍术、白芷，佩挂香囊，煮香草汤沐浴及喝雄黄酒等习俗，感怀屈原外，也象征驱鬼避疫。日本东京五条天神社在祭拜药祖神节日中，也有一项驱鬼仪式，就是焚苍术，看来苍术在人们心中已经和镇鬼符咒画上等号了。

中药里的苍术是菊科植物南苍术（A. lancea）和北苍术（A. chinensis）的根茎，始载于《神农本草经》，列为上品，然而古方中，苍术、白术不分而统称为术，以气味而言，白术不若苍术强。南苍术的根茎横切面有许多红色油腺点分布，叫作朱砂点，品质优于北苍术。

现代研究发现，苍术含丰富挥发油，油中成分主要是苍术酮、苍术醇、桉叶醇、茅术醇等，对于容易通过空气传染的病菌，如结核杆菌、金黄色葡萄球菌有很好的灭菌效果，用于环境能驱除恶气。清代张德裕在《本草正义》中曾载“久旷之屋，焚之而后居人”，倚重的就是苍术芳香辟秽的特征；而苍术用于身体则是健脾药，有燥湿、化浊、发散风寒之效。

苍术原精气味非常温和怡人，木质感中透露着不俗的土味，像是被阳光亲吻过的大地，微温、淡然而绵密，虽无白芷、川芎的浓烈凌厉，但也后劲十足，像个马拉松好手。

香气萃取与实用手记

苍术原精初闻有种沉甸豆豉感（和原材料的干扁木质味差异颇大），旋而转为淡雅木香，仿佛被刻意擦拭一番的古老藤椅，昔日光芒绽露

1. 将苍术剪细条、裁段，置于一般市面出售的熏香烛台上，以煎香方式熏燃（非直接燃烧），便可带来满室馨香。

2. 苍术加荆芥穗磨成粉，或是裁成细碎小段，做成合香熏燃，将会激荡出一缕甘美甜香的气味，这是我一次意外又惊喜的发现。

3. 苍术很适合做成酊剂来调香，我生平第一瓶天然香水“蒹葭”就用了苍术，至今再次品味，仍能让我有种思古情怀，不得不说，苍术气味予人正面的感受。

我的第一瓶天然香水“蒹葭”。《蒹葭》是一首关于追寻的诗，追寻些什么呢？自己内心对于美的向往。而那个美，忽近又远，若有似无，追寻的过程来来回回，困难重重。但因为美，就该继续追寻。当初其实只是喜欢一首唐晓诗演唱的诗歌（歌名就是《蒹葭》），便给自己生平制作的第一瓶香水起了如此美丽的名字，感觉一下子充满了气质。后来发现，自己制作香水的过程，原来和《诗经》中《蒹葭》这首诗，那关于追寻的意境非常类似，不免想起第一瓶香水命名的机缘

5

白豆蔻

Amomum cardamomum

白豆蔻

素有“香料之后”称谓的小豆蔻，其气味与白豆蔻极为相似

很多姜科植物的种子和根茎，皆有辛香气味，除了常被用来烹调食物，在医疗、保健、美容方面也多有所闻。这类植物在全世界约有 50 属，1000 多种，主要分布在热带地区，台湾有 6 属 28 种，许多种类仍是野生状态，少被应用。

以豆蔻命名的芳香植物也让人眼花缭乱，其中，白豆蔻和草豆蔻最容易混用。原产印度南部，有“香料之后”美名的小豆蔻，部分学者认为与白豆蔻是同种异名，由于此二者香气相似，且因小豆蔻向来价格偏高，因此也有人将白豆蔻混充为小豆蔻来出售。

在中药里，白豆蔻、砂仁、草豆蔻、红豆蔻及草果，都是姜科植物的果实或种子，也都具有化湿、行气、止呕的功效，气味以白豆蔻较为轻扬，砂仁和草果木质辛香感稍重，而草豆蔻，其实就是去壳（果肉）的乌来月桃种子（非一般花序下垂之月桃），气味清新甜美。白豆蔻种子含大量挥发油，主成分是桉叶醇、松油烯、桃金娘醛、右旋龙脑及右旋樟脑等，气味芬芳轻扬，溜过鼻尖易让人精神为之一振。

各式有豆蔻名称的香料（白豆蔻、砂仁豆蔻、草果豆蔻、肉豆蔻、草豆蔻、红豆蔻）

市面上用来当中草药的姜科植物，中文别名混杂，容易误用，一般常见种类整理如下：	
月桃属（Alpinia，山姜属）	大高良姜（Alpinia galanga，果实称红豆蔻）、高良姜（Alpinia officinarum）、月桃（Alpinia zerumbet，艳山姜）、草豆蔻（Alpinia katsumadai）。
豆蔻属（Amomum）	白豆蔻（Amomum cardamomum）、砂仁（Amomum villosum）、草果（Amomum tsao-ko）。
小豆蔻属（Elettaria）	小豆蔻（Elettaria cardamomum）。
姜花属（Hedychium，蝴蝶姜属）	野姜花（Hedychium coronarium，穗花山柰）。
山柰属（Kaempferia，孔雀姜属）	山柰（Kaempferia galanga）。
姜黄属（Curcuma，郁金属）	姜黄（Curcuma longa）、姜荷花（Curcuma alismatifolia）、郁金（Curcuma aromatica）。
姜属（Zingiber）	姜（Zingiber officinale）、蘘荷（Zingiber mioga）、毛姜（Zingiber kawagoii Hayata）。

香气萃取与实用手记

浓香艳抹女人香

白豆蔻原精

1. 豆蔻类种子的香气，容易因高温而散失，所以不宜加温萃取，用己烷萃取，比用植物油萃取的效果来得好。

2. 白豆蔻适合和晚香玉、紫罗兰叶、茉莉、橙花一起调香，犹如为浓妆艳抹的花香，添上一对轻盈翅膀。

6

草果

Amomum tsao-ko

姜科植物中，草果的果实算大的，也很容易辨识，茎、叶和种子都可萃取芳香油，是制药、香料工业中常见的原料。自古草果与草豆蔻性味相似，偶可通用，云南菜肴中常以草果的香气去除肉类腥味，它也是五香粉、咖喱粉等著名调味料的成分之一。

草果别名草果仁、草果子、老蔻，目前均以人工栽培为主，中医使用须先晒干，炒至焦黄。果实去壳后的称草果仁，性味辛温，有去湿、温暖内脏的作用，古方认为有防治疟疾的功效，但需和其他药方搭配方能发挥。以草果水煎剂——把草果放入水中煮滚，熄火后待凉，拿这水漱口，可以消除口臭。

草果全株含 2% ~ 3% 挥发油，主要成分为蒎烯、桉油醇、芳樟醇、樟脑、烯醛、松油醇、草果酮等，气味辛香特异，较一般辛香料多了点木质感，类似某种昆虫（椿象）的分泌物，可说是喜者自喜、恶者远之的一种气味。

香气萃取与实用手记

草果漱口油

1. 用己烷溶剂可萃取出草果原精，也可用乙醇浸泡做成酊剂。草果搭配高良姜、安息香、薄荷、香茅、薰衣草、柠檬、暹罗木，可调配出好闻的滇缅香气。

2. 草果漱口油：将草果浸泡油以及绿薄荷、小茴香、丁香、没药等精油，以 1 : 4 : 2 : 2 : 1 的比例混合，再用 2% 的比例和葵花油调匀，是一款不错的漱口油，可以每日使用。漱口油较一般含酒精的漱口水，更能促进口腔淋巴腺排毒，对口腔黏膜刺激性低，添加了精油还可以抑制细菌滋长。

7

月桃

Alpinia zerumbet

端午应景植物中，月桃可说是极具台湾特色的代表，干燥后的月桃叶宽大坚韧，用来包粽子丝毫不比竹叶逊色，沁入米饭的月桃叶清香，是南部粽爽口的秘方；此外，它叶面具蜡质，也适合拿来当食物垫材或蒸糕粿，叶鞘晒干可编成草绳、草席，嫩茎可作为姜的替代品。早年，台湾少数民族采食月桃嫩芯以驱除蛔虫；被誉为日本的阿司匹林——翘胡子“仁丹”——的原料也用到了月桃籽。月桃是一种全身皆宝的民间植物。

全世界热带、亚热带气候区均有月桃属植物分布，种类相当多，台湾约有 18 种，都是原生植物，常见于低海拔山麓林地。

月桃古称玉桃，大陆称艳山姜，台湾本地有虎子花名号，以形取名就知道它吸引人的第一目光便是靠成串的花、果。月桃果实、根茎含多量芳香挥发油，根据分析，成分以樟脑、桉油醇、己二酸及橙花醇乙酸酯为主，然而就像薰衣草或百里香一样，不同产区也会有不同的化学形态出现。台湾月桃属植物精油主要成分的含量高低，受地理分布及生育地差异的影响颇大，例如北部月桃族群含

月桃与野姜花植株比较

月桃的根茎

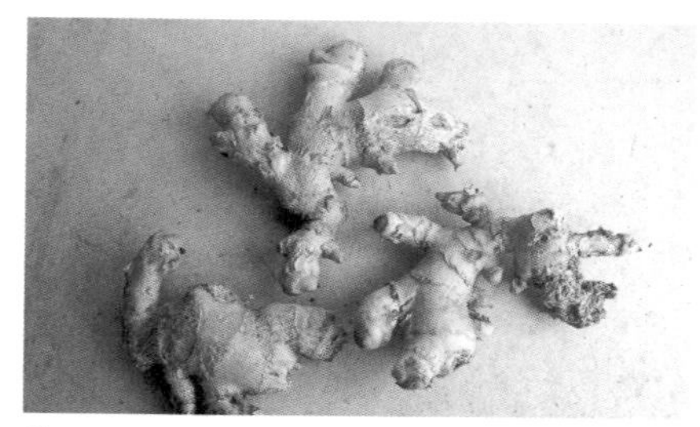

姜

较多樟脑，南部则有较多龙脑；高良姜的香叶醇、恒春月桃的小茴香酮等，都是地方特色成分，不同种类的月桃气味，一般人较难以辨别，光是樟脑和龙脑的气味就非常类似了，这两种气味特质皆清新直白，具有冲击感。

应用于调香，我认为月桃籽和白豆蔻、小豆蔻宛如亲兄弟，都具有豆蔻类香料清透怡人的吸引力，小豆蔻带有尤加利风味，而月桃籽则多了点果香，用月桃籽与花香、草叶香料调香，会有加成效果；但如欲调一款辛香木质调，就用小豆蔻。

香气萃取与实用手记

金色月桃香水

1. 成熟和未熟月桃果实皆有香气，未熟果只能萃取果皮香气，适合制成酊剂使用；成熟果连同果皮、种子都能萃取，打碎后用己烷可以萃取出黄橙色的凝香体。

2. 想为香水或香膏增添一股清爽前调，月桃籽是不错的选择，适合和佛手柑、迷迭香、马郁兰一起搭配。

月桃籽原精

月桃种类辨识

由于野生的月桃容易杂交，产生的变异种往往令人好奇，可从植株大小以及花序生长方向做简单的辨识。

植株大小：大型（比人高、叶型也大），属于此类的有月桃、乌来月桃、屯鹿月桃、角板山月桃等。中型（与人同高、叶型中等），属于此类的有阿里山月桃、屈尺月桃、台湾月桃、高良姜等。小型（比人矮，叶型小），属于此类的有山月桃、日本月桃（山姜）。

花序生长方向：只有月桃、屯鹿月桃、角板山月桃、台湾月桃，花序是下垂的（后三者还呈S形），其余都是上举花序。

8

肉豆蔻

剖开新鲜肉豆蔻果实，可见种子表面有鲜红色被覆物，称肉豆蔻衣

Myristica fragrans

早年，行经台北市龙山寺附近的佛具店，总会闻到四处洋溢的木头味，运气好还可看见木雕师父在街边雕刻佛像，无论用的是檀香木、香樟、桧木、红豆杉或是肖楠，木头味总能使人的心情沉静不少。后来，第一次接触到肉豆蔻的气味，留下的印象便让我如此直接地联想到龙山寺的佛具店，因为肉豆蔻的木头气味鲜明，同时带有一股干燥温香，就像南风轻拂，令人舒爽。

肉豆蔻为肉豆蔻科植物，别名肉果、玉果、麻醉果，分布于东南亚至澳洲等热带地区，印尼为肉豆蔻香料产品主要输出国。早期欧洲人视肉豆蔻为珍宝，认为它的香气有如麝香，因此又有“麝香坚果”之称，还曾为了包含肉豆蔻在内的几种东方香料，在亚洲强取豪夺了近三百年。

肉豆蔻常制成两种香料使用：肉豆蔻核仁（nutmeg，种子）和肉豆蔻衣（mace，红色假种皮），二者气味相同，核仁使用前再磨粉即可，而不要磨粉存放，因为香气容易消散；晒干后呈褐色的肉豆蔻衣相对较少见，售价偏高。肉豆蔻口感辣而微苦，添加于肉类食物中具提味效果。

兰屿肉豆蔻（Myristica ceylanica）是台湾原生的肉豆蔻，屏东、台东、兰屿及绿岛低海拔原始森林中皆有生长，但因种子有毒，平常人对于毒性强弱不易掌控，一般不拿来食用。

肉豆蔻核仁和肉豆蔻衣两者所含挥发油成分大致相同，主要有莰烯类、芳樟醇、松油醇、香叶醇、黄樟素、龙脑、肉豆蔻酸、肉豆蔻醚等，其中肉豆蔻醚有致幻作用，加上黄樟素，麻醉效果会加倍，然而只要不过量，一般来说仍是安全的。应用于中药方面，肉豆蔻可治虚泻冷痢、脘腹冷痛、呕吐、风湿痛，只是在中药的利用上远不如在食材香料方面来得普遍，肉类食物料理中撒上肉豆蔻粉，既去油腻又可提味。

香气萃取与实用手记

肉豆蔻香水。这是我早期的香水作品，以肉豆蔻串起整体香调，配方除了肉豆蔻（30%），只有薰衣草、黑云杉、岩玫瑰、鼠尾草、佛手柑以及马鞭草，是一款好闻的熟男香水

肉豆蔻原精

1. 猩红色的肉豆蔻酊剂有抗真菌和微生物作用，萃取气味前，必须先将整颗种子碾碎（数个肉豆蔻装在塑胶袋中以榔头击碎，然后倒出在钵中研细），用乙醇浸泡两周，替换 3 ~ 4 次材料，气味更浓郁。

2. 用薰衣草、甜橙和肉豆蔻酊剂做成的香水喷雾，睡前喷于枕头上，可以带来一夜好眠。

9

山柰

Kaempferia galangal

山柰的块状根茎

柰字通奈，果实之意。原产印度、中国西南及东南亚热带地区。山柰属植物植株矮小，具块状根茎，无明显地上茎，叶丛生，近地面似孔雀开屏，故又称孔雀姜属。《台湾植物志》第二版记载，山柰实为姜属植物中的台湾山姜，叶挺生，高大似月桃类，可作为辨别依据。1931 年台湾已自越南引入山柰栽植生产，一般当成中草药应用，以根茎入药，也可用来烹调食物，是东南亚著名香料。中药山柰具辛温暖中之性，对于心腹疼痛、寒湿霍乱、牙痛有奇效，萃取物据说还能防晒。

山柰气香甘醇，没有姜的辛烈，根茎所含挥发油是气味来源，主成分有桂皮酸乙酯类、龙脑、樟烯、侧柏烯、莰烯、柠檬烯、桉叶素等，另含山柰酚类黄酮成分，是强效的抗氧化物质。

山柰是启发我将芳香中草药应用于调配香水的缪斯，因为山柰酊剂颜色清澈如水，非常美丽，厚重的辛香中透着一股淡薄花香。我非常讶异原来做成酊剂的中草药也可以如天然香水般，和肌肤产生奇妙的变化！

香气萃取与实用手记

山柰酊剂澄清如水。此图为在山柰酊剂中调入水菖蒲，制作香水基剂的沉淀熟化过程

用山柰、白豆蔻、丁香等辛香料，调和玉兰花浸泡油，与蜂蜡以 4 ：1 隔水加热融合，融合后离火，并快速倒入盛装瓶，就是一款凝香膏。若提升蜂蜡比例至 50%，再添加 5% 柑橘果实混合萃香，便是气味可人的固体香水

1. 山柰酊剂加乳香酊剂的气味，再融合桂花，是非常完美的搭配，留香时间也很持久。

2. 山柰原精和檀香、菖蒲、穗甘松、岩兰草及香荚兰，可以调配出一款荡气回肠的底调。

姜的精油、原精气味

两者都带有青草特质，没有植物本身的浓呛辛辣，用来调香可以修饰太过甜腻的感觉。我用来萃取姜原精的材料，都来自菜市场现场压榨姜汁剩余的残料。市面上出售的姜科根茎类精油中，除了姜之外，还有野姜花精油，没错，如无特别标示萃取部位来自花朵，野姜花精油指的就是萃取自野姜花根茎的精油，它是一种带着果香的辛辣香气

10

荆芥

Schizonepeta tenuifolia

中文“荆芥”代表了两种唇形科植物，一种是荆芥属（Nepeta）的猫薄荷（N. cataria，西洋荆芥），另一种是这里所介绍的裂叶荆芥属（Schizonepeta）的荆芥，也是芳香中药常见的种类，因为其气味和功效与紫苏近似，原本称为假苏，《本草纲目》始称荆芥，之后即沿用至今。

荆芥原生于欧洲、亚洲、非洲及北美洲等地，蓝紫色的穗状花序外形颇似薰衣草，现在多以人工栽培为收获来源。秋季花谢之后只留绿色的萼筒，随即割取地上部分晒干；也有先摘取花穗，再割取茎枝，分别晒干的。前者称“荆芥穗”，后者称“荆芥”，荆芥穗的气味较浓烈，品质优于茎枝型荆芥，但多数中药店将二者混合出售。

荆芥含有丰富的挥发油，用手搓揉干燥枝叶，很容易就可闻到散发出来的清甜草本气味，成分主要是薄荷酮类、荆芥内酯、柠檬烯、蒎烯等，在中药应用上，有发散风寒消肿毒之效，古时有“再生丹”的美名。如果想制作一瓶带有草原气息的香水，加点荆芥原精一定不会让人失望。

香气萃取与实用手记

原野香氛主要以带有甜味草香的荆芥串起，与柠檬马鞭草、薰衣草及柑橘类等调和，香气仿若踏进一望无际的草原

荆芥原精

将薰衣草、柠檬马鞭草、佛手柑、乳香酊剂、橙花、紫罗兰叶原精、荆芥原精和一点点橡苔原精[①]调和，便能勾勒出一幅日光煦煦、满溢原野色彩的香气画卷。

① 橡苔原精（Oak moss abs.）萃取自生长于橡树的苔藓类，深绿浓稠，是种气味稍有咸味的特异芳香物质，常用以搭配木质调的男性香水，然而由于含有过敏原，欧洲国家已建议禁用或限制其使用浓度。相关含有过敏原的香水材料可参考：http://ec.europa.eu/health/scientific_committees/opinions_layman/perfume-allergies/en/index.htm。

11

薄荷

Mentha

茱莉亚薄荷

绿薄荷是台湾常见的种类

唇形科植物中，薄荷是被应用最广的草药植物，由于人为或天然杂交，品种少说有500种以上，多数薄荷为多年生宿根性植物，性喜多水，养护容易，其中胡椒薄荷（Peppermint）及绿薄荷（Spearmint，又称留兰香、荷兰薄荷）是市面上的常见种类，我则偏爱茱莉亚甜薄荷，它是绿薄荷系列品种之一，气味虽不及胡椒薄荷辛呛，亦无绿薄荷辛凉，但搓揉叶片即可闻到一种水感清新的薄荷甜，非常怡人。

薄荷具有的独特气味成分，主要来自薄荷醇、薄荷酮、异薄荷酮、薄荷酯类等，将整株薄荷（花、茎、叶、根）以水蒸馏，然后由蒸馏出来的精油中，经多次冷冻结晶萃取出来的产品称为薄荷脑，天然薄荷脑中所含薄荷醇可达99%，气味清凉芬芳不刺鼻，有别于化学合成薄荷脑的呆板直凉。薄荷在中药方面具提神解郁、散热解毒、健胃消腹胀之功效，对于神经系统也有调节与镇静的作用，少剂量可助眠，过量却会失眠。

香气萃取与实用手记

不同萃取法的成品比较。超临界流体萃取的原精（左），香气纯粹、干净；己烷萃取的凝香体（右），香气层次感鲜明又丰富

以溶剂萃取的薄荷原精，颜色深绿浓稠，气味如同新鲜薄荷般清爽，添于香水中可以平衡太过厚重的花香，例如薄荷加茉莉，薄荷便像是穿着华丽低胸礼服女士身上的小披肩，然因薄荷气味实在太独特了，似乎不甘于只当作配角，因此，在调香中，通常薄荷的剂量不宜太多，除非制作一款以薄荷为主的香水。用薄荷和甘松、佛手柑、雪松、快乐鼠尾草原精、黄柠檬酊剂，也可以调制出充满地中海情调的淡薄性感香水。

12

丁香

Syzygium aromaticum

丁香烟

丁香为桃金娘科蒲桃属（赤楠属）植物，也有人将丁香归类为番樱桃属植物（Eugenia），因此有时候丁香学名也被写为 E. aromaticum 或 E. caryophyllata，但番樱桃属和蒲桃属的不同之处在于种子的种皮包围着胚体，非如蒲桃属的胚体裸露，莲雾则是蒲桃属的植物中人们较为熟悉的种类，因此每次看见莲雾便联想起丁香，而闻到丁香，就想起多年前的印尼巴厘岛机场，那也是我首次出国旅游的美好回忆。

上为公丁香，下为母丁香

丁香原产于印尼，来自丁香树的花苞，外形似钉子，又名丁子香、鸡舌香，广泛用作食物香料，或加入香烟中制成颇具印尼特色、浓厚辛甜的丁香烟。丁香已经被引种到世界各地的热带地区栽植，目前出产丁香的地区主要在印尼、马达加斯加岛、印度、巴基斯坦和斯里兰卡，2005 年，印尼生产的丁香已达世界总产量的 80%。

花朵有多根雄蕊是桃金娘科植物的特征之一

我无意间接触到的第一瓶天然香水，是Aesop带着淡雅辛香气味的Marrakech[①]，小豆蔻、大花茉莉、伊兰伊兰、檀香、佛手柑渲染出橙黄海市蜃楼般的沙漠古城色彩，而贯穿其间的丁香，犹如逐渐没入地平线的夕阳，暖而细致，涂抹香水后约莫数十分钟，当回神想品味留于手背那最后余韵的一刻，才惊讶它的美丽竟如此短暂！再后来，我开始明白，原来这是天然香水如此吸引我的特质之一，它一点都不像现代化学合成香料制成的香水般非赖着人不可。Marrakech在2005年问世后三年，我开始创作天然香水（真正启发我创作香水的是Aesop另一款已绝版的Mystra），最初和多数人一样，皆从精油开始调香，丁香不但是我接触到的第一种香料（精油），更是我最爱的香气之一。气味主要成分是丁香酚、乙酰丁香酚、丁香烃、葎草烯、胡椒酚、伊兰烯等。

在中药里面，丁香有公丁香、母丁香之分，公丁香是未开的干燥花苞，母丁香是开花后所结的干燥果实，二者外形容易区分，温中散寒、理气止痛等性味效用差不多，但公丁香应用更为广泛，一般说到丁香，指的也是公丁香。

据说，武则天时代著名的文学侍从宋之问，相貌堂堂且文采奕奕，但是武则天一直对他避而远之，他于是作诗上呈，期能得以重用，武则天阅毕对一近臣说，宋卿什么都好，就是不知道自己口臭严重。宋知道后，羞愧无比，往后人们常见他口含丁香以解其臭，因此，丁香有了“中国古代口香糖”的名号。现代医理研究也证实，丁香能抑制口腔细菌及微生物滋长，稀释后对于人体黏膜组织无刺激性，不只能有效防止口臭发生，它同时也是很好的温胃药，对因寒邪引起的胃病而形成的口臭也有效果。我自己曾口含三颗丁香试着感受口腔变化，其实并无太大区别，不如口含三颗乳香，非但能刺激唾液分泌还能芳香口气，丁香还是先萃取之后再来应用较为得宜。

① Aesop分别在2005年、2006年发表的Marrakech、Mystra香水都已经绝版。在2014年，以Marrakech为参考样本，推出了全新的Marrakech Intense香水，相较于原版淡雅辛香，此款香水以苦橙花加强了花香感，余韵的白檀（澳洲檀香）非常迷人。

香气萃取与实用手记

将丁香直接刺入柳橙，可以用来熏香达两星期之久

丁香原精

1. 丁香气味因萃取的植物部位以及萃取方式而有差异，以蒸馏法获取来自茎干枝叶的精油，气味辛苦微辣，蒸馏的丁香花苞气味较浓；而用溶剂萃取的原精及酊剂则多了点药草果香，制作香水用丁香原精或酊剂较为合适，它能为香水增添些许异国色彩。

2. 用丁香原精加上黑胡椒、香荚兰和伊兰伊兰原精，可以模拟出康乃馨的花香。

3. 丁香原精加上玫瑰原精、香附（少量）、小茴香、柠檬、马郁兰和粉红胡椒，是另一种亮丽组合，像一曲弗朗明哥吉他独奏。

13 花椒

Zanthoxylum bungeanum

花椒是芸香科花椒属植物，主要分布于温带和亚热带区域，其红色或暗红色干燥果皮，是中国川菜烹调常用的特色调味料，又称川花椒、川椒、蜀椒、秦椒、川红椒、大红袍等，市场上也有人将竹叶花椒（Z. armatum）、青花椒（Z. schinifolium）充作花椒出售。

中国人对花椒香气是极其推崇的，在《诗经》《离骚》等中多有称颂，古人也用花椒浸酒，屈原在《九歌》中提到的“椒浆”就是花椒酒，用来祭祀祖宗、驱疫避邪，而花椒结实累累的样貌亦被引喻为子孙满堂，所以皇帝后宫妻妾居住处室，多以花椒泥涂抹，称“椒房”。

台湾有11种原生花椒属植物，其中食茱萸（Z. ailanthoides，别名红刺楤、越椒、鸟不踏等）因其枝叶含特殊香气，较常被人们利用于烹饪调味，与花椒、姜并列为“三香”。

花椒的香气来自果皮，香气挥发主要成分为沉香醇、左旋-α-水芹烯、柠檬醛、香叶醇、肉桂酸甲酯、乙酸芳樟酯等，虽然花椒以麻利之味最为人所称道，但香气中却无任何“麻”的感受，而是一种衬着绿叶花果般的胡椒香。

食茱萸是台湾原生花椒属植物，果实也含特殊香气，取干燥果实，在萃取香气前，需仔细捣碎

香气萃取与实用手记

食茱萸原精

花椒原精

1. 花椒极适合做成酊剂应用于香水中，与柠檬、佛手柑等柑橘类香料，或与小茴香、小豆蔻、粉红胡椒等辛香类香料，可以组成明亮的香水前调。

2. 用焚香原精、零陵香豆原精（薰草豆）、香附、薰衣草、杜松、小豆蔻、莱姆等精油与麝香酊剂（2%）、花椒酊剂（至多 10%）一起调香，可营造出颇具中东风味的香水。

14

香附

Cyperus rotundus

香附的野生植株

干燥的块根

香附是莎草根的别名，它来自莎草地下部须根上面的膨大根茎，此膨大的部分称为香附，又名香头草、土香草、香附子等，是莎草科莎草属多年生植物。由于植株外形和许多禾本科植物相似，大多被视为野草。

要区别莎草与禾草，可以从茎和果实来辨别。禾本科植物茎的横切面为圆形、空心有节，果实外围鳞片在果熟掉落后通常不脱落；莎草科植物的茎则是三角形、实心无节，果实外围鳞片在果熟掉落时会跟着脱落。全世界莎草属植物约 75 种，广泛分布于热带、亚热带和温带区域，台湾有 31 种，其中仅香附被用作中药、香料。在印度，香附、岩兰草和广藿香多被用来熏香衣物，以防止细菌、霉菌、害虫滋生。

炮制后的香附块根

中药里的香附有个响亮名号，《本草纲目》称它为“气病之总司、妇科之主帅”，这说明香附在疏肝和调经方面见长，一般的气滞疼痛症，单用都有明显的效果，它不但止痛，也能消胀。新鲜的香附含大量挥发油，是特异芳香气味的来源，不同产区（国家）有不一样的化学形态，主成分为香附烯、香附醇、异香附醇、蒎烯、莰烯、柠檬烯、香附酮类等。

一般中药店出售的香附，多经酒、醋等加工炮制，为的是能增进溶解度，使有效成分容易煎出，加强身体吸收，然而这样一来却会大大失去原有的挥发油。从中药店买来的香附几乎没有气味，对于希望品闻其香气的人来说，殊为可惜。因此，若要萃取香附气味，一定要用未经过炮制的材料才较为恰当，或者，于秋高气爽时节，直接采集新鲜香附亦可。

香气萃取与实用手记

此款南瓜薰衣草香水，添加了香附酊剂作为定香剂

香附精油

1. 萃取出的琥珀色香附原精，气味微苦厚实带有甘草气息，初闻直呛入鼻，一段时间后即转为恬淡幽香，与白檀搭配，有不错的定香效果。

2. 用香附、岩兰草（5%）、白檀、香荚兰原精（或安息香精油），可以创造出沉香气息。

15

甘松

Nardostachys chinensis

初见甘松药材，着实让我纳闷了一会儿，心想，这外形像裹着草枝的动物排遗也可以拿来当药草？但纳闷归纳闷，中药不乏奇特之物，比甘松更令人匪夷所思的多得是，例如来自鼯鼠、蝙蝠、兔子和蚕宝宝干燥粪便的五灵脂、夜明砂、明月砂和蚕沙，而许多取自动物身体（器官）或想象而来的药材，如熊胆、虎鞭、紫河车、人中黄、人魄、寡妇床头灰等，简直怪异到令人瞠目结舌，所幸这些东西现在多已不用，成了教材名词。相较之下，来自植物的药材就可爱多了。

甘松又称甘松香、穗甘松，属败酱科（Valerianaceae）甘松属植物，英名通称 Spikenard，全世界共 3 种，即印度甘松（N. jatamansi，又称匙叶甘松、香穗草、哪哒草、绿甘松）、尼泊尔甘松（N. grandiflora，又称大叶甘松或大花甘松）及甘松（N. chinensis，中华甘松），其中尼泊尔甘松是《华盛顿公约》（*CITES*）附录Ⅱ物种，市面上极少见。

自古甘松即被视为珍贵的象征，在圣经中，美丽女子用以涂抹耶稣脚踝的“哪哒香膏”，可能来自印度甘松或尼泊尔甘松，在古埃及和伊斯兰世界，一度成为奢侈品，由于兼具奇异香气和疗效，亦是印度阿育吠陀草药传统的一部分。甘松主要生长于海拔 3600 ~ 4800 米的喜马拉雅山区，目前收获方式仍以人工采集为主，在西藏、甘肃、四川则有少量栽培，专供市场所需。

传说生命走到尽头的凤凰，在它用甘松所筑的巢中自焚后又得以重生的关键，就是甘松，因此甘松也有可以“起死回生”之说，然而传说美则美矣，夸张起死回生的功效却未尽善焉！现代医理研究发现，甘松成分中的活性物质“缬草酮”有抗心律失常的作用，可缓解心慌、失眠、头痛等症状，的确对人们的身体健康起了良好的保护作用。

甘松气味似岩兰草加了香附和一点点广藿香，温和醇厚且隐含陈皮梅气息，有人形容那气味闻了令人想哭，也有人说那是一种原谅的气味，总之，甘松香气早已深获人心，是不争的事实。

香气萃取与实用手记

甘松原精

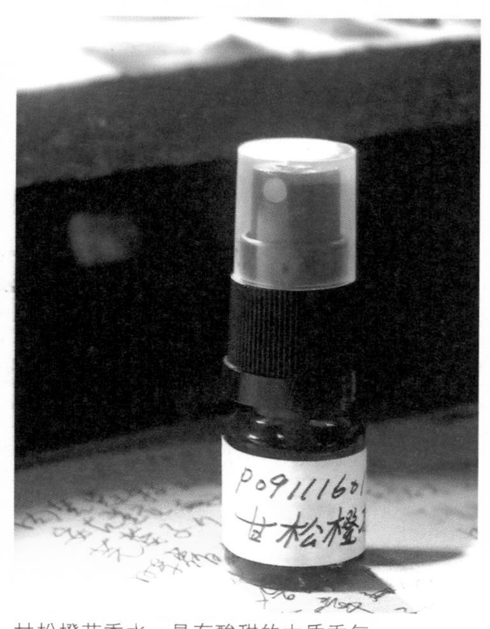

甘松橙花香水，具有酸甜的木质香气

1. 甘松也适合做成酊剂使用，它的气味就像烟叶加橡苔，底蕴稍带梅干般土质气息，制作香水时只要添加少许（至多 2%）就有明显效用，可为香水带来漫步于森林底层的感受。

2. 如果想调配梅花香，用甘松原精加没药就可以了。

3. 用以描绘凝练的感觉（一段难忘的往日时光、某无关痛痒却常浮现于脑海的想法），甘松原精非常好用。在调香过程中，当面临各式香料左右为难之际（胡乱调香会有的情况），只要请出甘松原精，香调立马就会轮廓鲜明起来。

16

木香

Saussurea costu

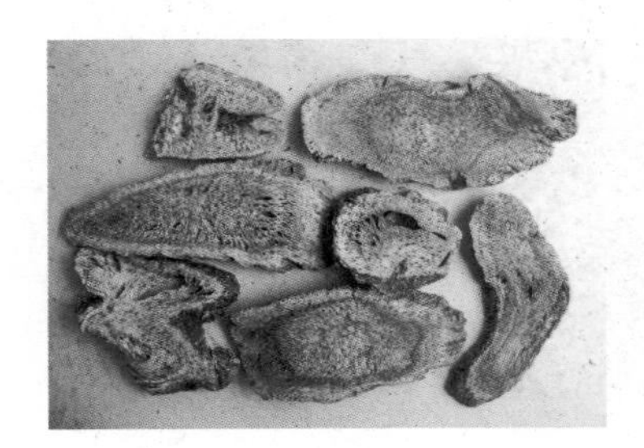

木香为菊科植物风毛菊属木香的干燥地下根，原产印度，历史上因从广州进口，习称广木香，之后被引入云南等地成功栽植，品质亦佳，由于产量日增，现已成为云南的地道药材，特称“云木香”。故木香、广木香、云木香其实都是指同一品种；另有同样是菊科植物但不同属的川木香（Dolomiaea souliei），有时也被当作木香使用。木香和藏红花，皆是经驯化后适应中土的西方药材。

切段，纵剖成片后的木香，材质坚实不易折断，断面灰黄，散有深褐色油点，形状完整的乍看似鹿茸又似枯木，近闻浓香扑鼻。古时候由于外来的木香不易获得，因此在唐宋时期出现了许多替代品，例如土木香、川木香、藏木香等，虽然功效、性味均类似木香，但品质要比木香次些。另有青木香，古时它的确是木香别称，因为品质好的木香含大量挥发油，颜色比较深，故以青木香称之。但是现代青木香则专指马兜铃的根，具有毒性，和木香完全是两种不同植物。

中药木香常用来行气止痛，对治宿食腹胀、腹痛，健脾、促进消化等功效不错。初闻木香有种时光凝聚的感觉，气味印象恍如一位熟透的男性耆老，阳刚而温和，也有人形容它的气味像只淋湿的狗、像被开启的陈年木柜等，可见木香的气味难以言喻。

香气萃取与实用手记

木香原精

仿蓝火古龙水，以木香原精与多种精油调香，试做了一款成熟男性香水

1. 木香中含有许多大分子内酯成分，香气属于源远流长型，因此定香效果奇佳。

2. 木香原精尚有类似鸢尾般粉香特质，用在香水中与花香调搭配（尤其是晚香玉、茉莉、伊兰伊兰），不必添加麝香，也可以营造出非常性感撩人的气味。

3. 将木香原精与橡苔原精、黑云杉、马鞭草、艾草原精、鼠尾草、迷迭香、大西洋雪松、薰衣草和莱姆（不要用柠檬）一起调香，可以营造出一款迷人的男性香水。

17

大黄

Rheum palmatum

食用大黄茎叶

一般，大黄予人的印象就是苦寒的泻下药，去中药店买大黄，药师总亲切告知：剂量不能多哦，会拉坏肚子的！感觉大黄在中草药领域里，是武功高强的奇僧。大黄用于医药已有悠久历史，也是闻名遐迩的特产中药材，明代医药家张景岳更推崇大黄为“药中四维”①之一，可见其在中药当中的地位非同凡响。然由于大黄药性寒烈，不但《神农本草经》将之列入下品，《本草纲目》更将其列为毒草类，因此大黄也是具两极看法的中药之一。

以现代医药研究来说，大黄泻热通肠、凉血解毒、祛除邪气之效，并不影响小肠对营养的吸收，泻下主要作用在大肠，其维持人体正常生理功能，如同一位保家卫国的将军，因此大黄古名就叫“将军”，无论生用还是熟用（炮制品），大黄名称均以军字代替，如生军、熟军、酒军、焦军。不仅药师爱用大黄，更将它扩及世界各地，以肉食为主的西方人则视大黄为日常不可或缺的保健品，大黄在西汉初即由商队成批运往欧洲，和茶叶一样，都是中土出口的大宗商品之一。

① 明代医药家张景岳著《景岳全书》中提出，中药中有 4 种最为重要的药材，分别是附子、人参、熟地和大黄，并称其为“药中四维”，前三味药属性皆温，唯独大黄苦寒，此四味药对身体的作用分别为补阳、补气、补血、祛邪。大黄制品中生军、熟军、酒军、焦军的功效分别为泻下、解毒、活血、止血，大黄能祛除严重烧烫伤造成之火毒，有很好的治愈效果。

药中四维：附子、人参、熟地、大黄

大黄属蓼科植物，品种约六十多种，大部分产于中国，中药大黄一般是指掌叶大黄（R. palmatum）、唐古特大黄（R. palmatum var. tanguticum，又称鸡爪大黄）和药用大黄（R. officinale，又称南大黄）的干燥根茎，另一种在欧美普遍用以生食叶柄的称为食用大黄（R. rhaponticum，叶含大量草酸及毒害肾脏的成分，叶柄无毒），叶柄状如西芹，鲜红艳丽，清香味酸，常和水果一起搭配做馅，或制成蜜饯、甜酒等。

干燥的大黄根茎，气味辛香浓烈，像甘草混合老姜，以溶剂萃取的大黄原精，色泽暗黄呈半固体状，辛辣中带有水果般香甜。我非常喜爱大黄原精的气味，只是，大黄原精萃取率不甚理想，几乎和桂花差不多。

香气萃取与实用手记

我创作的西域风情香水，取名“日颂”

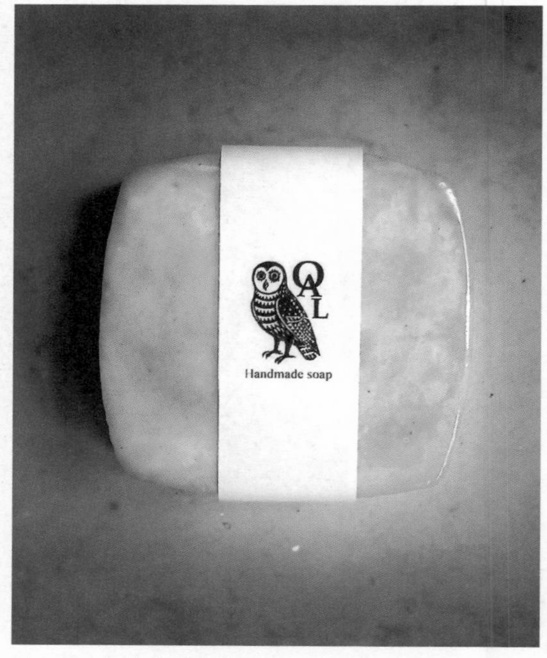

以大黄、胡萝卜制作的手工皂。大黄也是天然染色剂，能为手工皂带来美丽的玄黄色调，较为可惜的是，大黄香气在皂化熟成之后无法保留

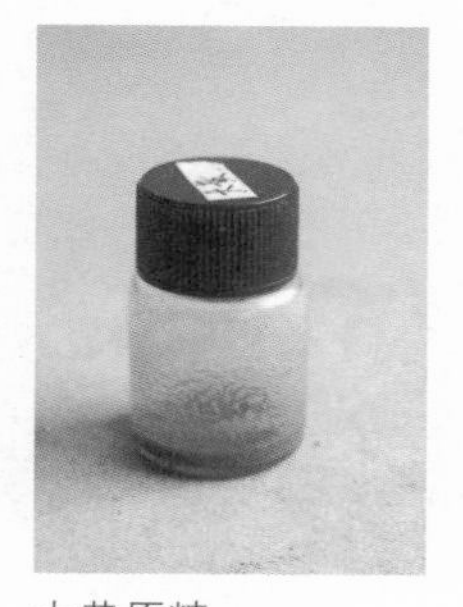

大黄原精

1. 曾用己烷萃取大黄，但萃取率太低。做成酊剂效果不错，除增加香水辛甜气味，还可将香水染成剔透的金黄色。

2. 用大黄原精和小茴香、苏合香、玫瑰原精、黑胡椒、栀子花原精（或大花茉莉原精）、香附原精、檀香精油一起调香，可以创造出想象中明亮的西域风情香气。

18

水菖蒲

Acorus calamus

水菖蒲、艾草、榕枝叶，组成了端午除妖三剑客。水菖蒲狭长叶片象征长剑，揉碎新鲜或干燥的叶子都可闻到一股牛奶似的芳香；端午过后，将已经枯萎的艾草和水菖蒲装进麻纱袋，泡澡时丢入热水中，可以享受芬芳药草浴。

中药里的菖蒲有节菖蒲（Anemone altaica）、石菖蒲（A. gramineus）和水菖蒲三种之分，分别来自不同的植物，节菖蒲又称九节菖蒲，属毛茛科植物阿尔泰银莲花的干燥根茎；石菖蒲和水菖蒲都属天南星科植物，石菖蒲植株矮小，常有分枝，直径 0.3 ~ 1 厘米，折断面呈纤维状，有微弱土质气味；水菖蒲植株较大，少有分枝，直径 1 ~ 1.5 厘米，折断面呈海绵样，气味和石菖蒲明显不同，全株带有特异奶香，地下根茎气味尤其强烈。多数用以入药的是石菖蒲，主要功效是化湿开胃、开窍醒神，有的中药店将两者混合出售。台湾可见的菖蒲属植物除了石菖蒲和水菖蒲，还有金钱蒲（A. gramineus）、金边菖蒲（A. grammineus）及茴香菖蒲（A. macrospadiceus，有类似八角的香气），但用来萃取精油的只有水菖蒲。

干燥的水菖蒲叶与根茎

水菖蒲又称剑叶菖蒲、白菖蒲，英名 Sweet flag 是形容它斜向上的肉穗花序似小旗帜般可爱，然而花的气味却不怎么讨喜（有腐烂味，想想同属天南星家族的海芋花或产于印尼的巨花魔芋就知道了）。水菖蒲在世界上的分布极广，干净的水域环境较易发现，据说水菖蒲是所罗门花园里所栽植的一种植物，也是用来制作“圣油膏”①的材料之一。

从新鲜或干燥的叶子及根茎，可萃取气味特异的芳香油，有人喜欢，也有人觉得气味怪，我自己很喜欢它那独特的奶香，至今，还没能找出与其气味相仿的植物香料。水菖蒲的气味主要成分为细辛醚、丁香酚、菖蒲烯二醇、水菖蒲酮等，醚类成分略高，具提神、兴奋效果，但若使用高剂量，可能会出现幻觉。

① 在基督教里，涂抹圣油膏是一种象征，让属神的人和物成圣，将他们从一切凡俗事物中分别出来。传说圣油膏的香气如伊甸园生命树液一样，仅使用 3 种香料（肉桂、没药、水菖蒲）和橄榄油调和而成，其中水菖蒲代表基督的复活。

香气萃取与实用手记

调和水菖蒲原精、薰衣草及甜橙精油，做成安眠复合精油，用扩香仪或熏香器来熏香，可以帮助入眠。也可将此安眠复合精油以 20% 的比例调入乙醇，睡前喷于枕头，同样有效

静气凝神香

1. 以溶剂萃取的水菖蒲原精，除有透明水感的奶香气味外，尾韵还带一股木质稻香，非常迷人。

2. 将水菖蒲原精和晚香玉原精、藏红花原精、檀香、快乐鼠尾草原精、荆芥原精、银合欢原精、乳香酊剂、佛手柑一起调香，可以制作出一款具魅惑感的香水。

3. 也曾以桂花和水菖蒲为主调，创作一款颇具富贵气息的奶油桂花手香水。

4. 干燥的水菖蒲叶子和根茎，混合肉桂、八角、檀香、乳香一起碾碎磨粉，再以蜂蜜调和制成合香，用来煎香，可以静气凝神，适用于打坐或治疗失眠。

19

乳香

Frankincense

乳香来自乳香树，也是一种橄榄科植物

木犀科用以榨油的油橄榄（图左），与橄榄科常见的制成蜜饯食品的橄榄果实（图右）

乳香最早载于《名医别录》，其实和它的气味无关，其音译恰好与阿拉伯语的乳香（lubán，奶之意思）相近，同样是形容分泌白色似乳滴状的树脂；反而英文名 Frankincense 就直接点出了乳香的气味轮廓（熏燃之香），因为字首 Frank 来自古法语，意指“真正的焚香”，后半加上英文 incense，也就明白了人们对于乳香的应用以熏燃方式居多。

乳香来自乳香树所分泌的树脂，乳香树是橄榄科（Burseraceae）乳香属植物，全球约 40 种，另外本科中的没药属（Commiphora）及橄榄属（Canarium）植物也早为人们所利用，没药同乳香一样，均采集其芳香树脂，应用于燃香、医疗、香水等用途；橄榄属植物的果实（橄榄），可以当水果或制成蜜饯食用，和用来榨油的橄榄树（属于木犀科）果实（称为油橄榄）是不一样的。

乳香的药性和没药相似，常和没药调配使用，以“乳没”出现在处方中。（图为没药）

一般市面上常见的用来蒸馏精油的乳香有阿拉伯乳香（Boswellia sacra，又称阿曼乳香、神圣乳香、圣经中的乳香）、科普特乳香（B. frereana，又称埃及乳香）、野乳香（B. neglecta）和印度乳香（B. serrata 或 B. carterii），产地以阿拉伯地区、北非、印度为主。

乳香气味，大致为清新的木头香气中略带一点樟脑、脂香或胶香，古埃及人视这股香气为神的气味，用来涂敷木乃伊，除了防腐，也代表灵魂和神一样不朽，其赋予乳香的神性意念，大约等同于东方的檀香吧！

在产地，乳香的药材名称为 Olibanum，西方人用以熏衣物防虫、消毒、清洁口腔或美容，然而广泛当作药材使用的却是中医和印度的阿育吠陀医学，研究发现，乳香中的乳香酸为其特征成分，具有降低血小板黏附、镇痛、抗肿瘤、抗炎、抗菌、调节免疫力等作用。

乳香自秦汉时期传入中国，由于药性和没药相似（乳香活血行气、没药散血化瘀），所以常和没药调配使用，处方中写“乳没”意即“乳香加没药”，传统伤科中药“七厘散”就含有乳香、没药，专治跌打损伤。

香气萃取与实用手记

乳香原精

以不同萃取法所得的成品。精油（左），原精（中），乙醇酊剂（右）

乳香精油有极佳的皮肤保养成分，以5%的比例调入植物油，可调制成很好的皮肤按摩油。（图为橙花乳香脸部按摩油）

1. 熏燃乳香：并非直接丢入火里燃烧，而是将乳香置放于预热的碳饼或其他香粉上，让乳香缓缓释出白色烟雾，无须刻意嗅闻，即可感受到浓厚木质香气。

2. 乳香酊剂有非常好的定香效果，尤其和柑橘类、花香类香料一起调香，仅添加 1% ~ 2%（千万不能再多），就可帮助延长香气至 2 小时以上。

3. 香水油：将乳香、苦橙花、大花茉莉、澳洲檀香、香荚兰、黄柠檬，调和于荷荷巴油做成香水油，与情人相会之前涂抹于太阳穴，可让每次见面都回到初次相遇的美目盼兮。

20

枫香脂

Liquidambar formosana

枫香花

枫香在早先一直被归类于金缕梅科（Hamamelidaceae），1998 年依据 DNA 亲缘关系，将它与另外二属从金缕梅科独立出来，归入新成立的枫香科（Altingiaceae）。枫香科植物仅 3 属 17 种，大多会分泌芳香树脂，因此，枫香树（Styrax）现在是枫香科枫香属植物，共有 4 种，分别是：分布于中国长江以南的缺萼枫香树（L. acalycina），分布于中国华北以南、中国台湾、老挝、越南的枫香树（L. formosana），分布于土耳其和希腊罗得岛地区的苏合香树（L. orientalis）以及分布于北美洲东部到墨西哥东部以及危地马拉的北美枫香树（L. styraciflua）。

枫香树和枫树（Maple，日本称为槭树）是不一样的，枫树不会分泌芳香树脂，但其树液可以用来制造枫糖。枫树的分类近年也有一次大变化，原先被归类于槭树科（Aceraceae），新近据分子生物学研究结果表明，它应该归到无患子科（Sapindaceae），因此国内常见的青枫（Acer serrulatum）现在是无患子科枫属植物。

枫香脂

枫香树的果实也被运用在中药上，药材名为“路路通”

枫香脂来自枫香树分泌的树脂，市面出售的苏合香精油，便是由苏合香树所产的枫香脂蒸馏而来的。枫香树的树脂及果实也被应用于中药上，枫香脂又名白胶香、枫脂、胶香等，具活血止痛、止血、生肌、凉血、解毒等功效，主治外伤出血、跌打损伤、牙痛，亦可用来治疗急性肠胃炎。枫香树果实叫作“路路通”，别名枫香果、枫球、九孔子、狼目等，具利水通经、消肿、祛风活络、除湿、疏肝等功效，主治关节痛、胃痛、乳少、湿疹等症状，因护肝作用良好，亦被用作防治肝炎的药物。中药枫香脂，一般以干燥树脂入药，于夏季七八月间选择树龄 15 年以上的大树，从树根往上每隔 20 厘米交错凿洞，使树脂从树干裂缝处流出，并汇集于洞内，十月至翌年四月间采收；若只采集新鲜树脂，则于夏天雨后（雨后枫香树的树干裂缝会大量分泌树脂），以玻璃瓶进行少量采集即可，不必凿洞。

香气萃取与实用手记

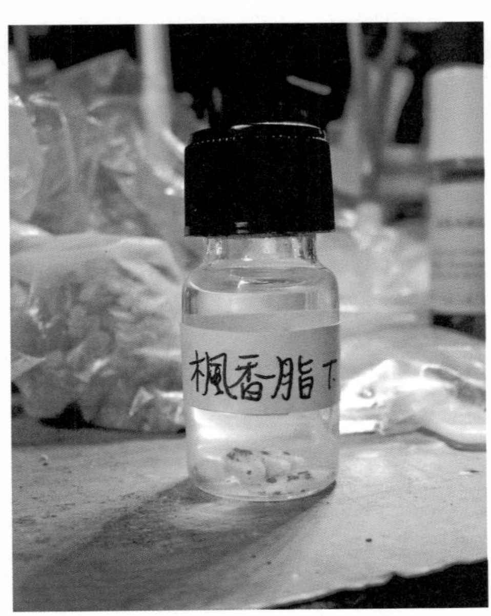

枫香脂酊剂。看似透明亮丽，但只要滴一滴在皮肤上，待乙醇蒸发后，以手指揉之会有黏附感，就像没有撕干净的贴纸，以手触摸仍会粘手。由此可想而知，枫香脂有优异的定香效果（将香气分子粘住）。当然，枫香脂酊剂本身也有好闻的香气

芭乐叶加迷迭香，就有枫香叶的气味

1. 干燥的枫香脂可用以燃香，方式同乳香，但最好以隔热煎香方式进行，将能感受到枫香脂的脱俗清香。

2. 新鲜的枫香脂透明清澈，适合调入乙醇制成酊剂使用，枫香脂酊剂带有少许绿叶青草感的香脂气息，用来定香的效果和乳香酊剂一样优秀，调入香水亦不需多，1% ~ 2% 即可。

3. 枫香叶也可萃取出凝香体或原精，气味像芭乐叶加上迷迭香。

昨夜你踩踏月光前来
以茉莉芬芳姿态
耳畔醇酿蜜语
糅醉以伊兰
我们追逐于山巅水湄
爆放肉桂光芒
于是爱情
绽成了玫瑰
当你再度迎向晨光离去
我以麝香紧紧系住你

Part 7

天然香料

动物性香料篇

非洲石

这是一种生活于东非、和大象有亲缘关系的可爱动物蹄兔（Proacvia capensis）之陈年堆积粪便。由于蹄兔世代栖息于同一岩洞中，粪便长年累积，经过百年风化之后，形成非常坚硬的粪便石（又称非洲石），学者曾利用它研究地球的气候变迁史，后来又发现也可作为香料及药用。在香水材料中，通常将非洲石制成酊剂使用，气味深沉而复杂，据说混合了麝香、麝猫香、烟草以及沉香等气味，是相当优良的定香剂；在南非的民俗疗法中，则被用来治疗癫痫

说到底，气味是一种媒介，可将互不相关的事物或情节搞得关系匪浅。从无从察觉的费洛蒙（曾有研究，“人中”处有相当浓度的费洛蒙，因此可以被察觉到的费洛蒙距离，是一个亲吻）到小说中的迷魂香，除非六根清净超凡住世者，别说你已绝缘于此；或许“调情”正是物种绵延繁衍的媒介——性费洛蒙——大展身手的结果。

无论闻不闻得到，气味对万物的影响，绝对和欲望息息相关，犹如扑火飞蛾。人类早已异想天开地将性吸引的功能移植到香水上，特别是萃取自动物性香料的气味，这种情况，西洋更甚于东方。撇开性，单纯就气味呈现的样貌而言，动物性香料仍有其无可替代的一面。

天然动物性香料少见而珍贵，调香中只要加入一点点，就能为香水带来圆润、厚实的画龙点睛之效，留香时间长，有不错的定香作用。主要用于调香的有麝香、麝猫香（灵猫香）、蜂蜡原精、龙涎香、海狸香、麝鼠香及非洲石，其中后三种我未曾见闻，本书不做介绍。

动物性香料除了龙涎香、蜂蜡原精和非洲石以外，其余都是动物腺体的分泌物，具有强烈的腥膻气味，必须稀释到一定程度才不至于过度吓人，常见做法是先用乙醇制成酊剂，并经存放令其圆熟后使用。

一般而言，动物性香料能为调香带来神秘感或比较深奥的特质，复古香水中多少都有添加，然而，它确实比植物香料更难取得。所幸，我们也可以在一些植物香料中，找到具有类似动物特质的香料，例如轻柔粉香的香葵（品质不佳或是赝品的香葵，通常有油耗味）、恬静典雅的欧白芷和兼具动物毛发、陈年木柜及淡淡鸢尾余韵的木香，都是知名的植物性麝香，我甚至发现台湾香檬叶原精的底蕴，也饱含一股甘醇的草叶麝香味；另外，孜然和快乐鼠尾草，也因为让人联想起男人汗水味，被视为具有某种动物感；你也可以将安息香、香荚兰、岩玫瑰和紫菜调整组合，便可得到一款很好闻的植物性龙涎香。

1

麝香

Musk

麝香鼠

麝香

李时珍说“麝之香气远射，故谓之麝”，它是一种源于东方古老而神秘的香料，虽然早已香遍世界各地，时长千年，但即便今日，多数人对它仍然是只闻其名不知其味，甚至将市面上所谓的白麝香错认成麝香。

天然的麝香是来自林麝（Moschus berezovskii）、马麝（Moschus sifanicus ）或者原麝（Moschus moschiferus）等成熟公麝鹿的腺体分泌物。巴基斯坦、中国、印度、尼泊尔等亚洲 13 个国家和俄国东部，都有麝鹿分布，它的体型似山羌，外形容易与另一种鹿科动物——河麂[1]——混淆。成年雄麝有一对獠牙，腹下有一个位于生殖器前面能分泌麝香的腺体囊，雌麝则无腺体囊和獠牙。它们多栖息于海拔 1000~4000 米寒冷山区的阔叶林、针阔叶混合林、针叶林和森林草原等地区，生性机敏，孤僻好斗，视听觉敏锐，不易被察觉，和牛一样都是草食性反刍动物，食性广泛，偶尔也吃蛇、蜥蜴等动物性食物。

① 河麂（Hydropotes inermis）别称獐、土麝、香獐，是一种原始的鹿科动物，仅分布于中国东北和朝鲜半岛。河麂体型比麝鹿稍大，成年公河麂也有一对外露獠牙，别名虽有麝、香字，但并不分泌麝香。中药“獐宝”即取自幼河麂胃内沉积之物，而形容人“獐头鼠目”也是来自这种动物。

麝鹿

麝牛

野生麝鹿在出生一年半达性成熟后，开始分泌麝香。早期麝香的取得必须先将动物杀死，平均 1 公斤麝香需要牺牲 30~50 只麝鹿，现代虽有专供取麝香的圈养麝鹿，但因为保育与经济之间互为牵制，数量不足以供应需求而奇货可居，这种情况造成野生麝鹿被盗猎非常严重，导致族群日益稀少而濒临灭绝。1979 年《华盛顿公约》将麝鹿列为保育类动物，禁止野外捕杀与交易其产制品，也就是说，现在所能购买到的麝香，需取得 CITES 许可，证明是来自人工圈养环境的麝鹿。台湾也依野生动物保育法相关规定，禁止非经主管机关同意的买卖或公开展示麝香。中国出产的麝香占了全世界麝香产量的 70%，大部分用于满足内需，其余输出到东南亚国家，2000 年之前，俄罗斯是全世界未加工天然麝香的主要供应国，法国、德国和瑞士，则是主要的进口国。

自然界除麝鹿外，部分动物例如麝鼠（Ondatra zibethicus）、麝鸭（Biziura lobata）、麝牛（Ovibos moschatus）、麝香猫（Civettictis civetta）、麝龟（Sternotherus oderatus）、海狸（Myocastor coypus），在求偶、标志领域、受到威胁或生气时，也会分泌麝香，只是这些气味之间多少有些差异，英文有句“You are what you eat”，形容人类偏好某些食物乃因性格使然，有些动物则因为食性关系，本身就会散发出与食性相关的气味，譬如吃花蜜、花粉的吸蜜鹦鹉，会散发花朵般的香气；以水果为生的狐蝠，身上有种水果味。当然，这些气味不是经由特殊腺体分泌的，它在动物之间是否有其他作用尚未明了。我认为麝香猫气味中的腥膻特质强过麝香，特别适合调制一款性感满满的东方花香调香水。

天然麝香通常加工为毛壳麝香或麝香仁两种形态，前者需要杀死麝鹿，将整个腺体囊割下制成；麝香仁指的是腺体囊的内含物，人工挖取的麝香多属麝香仁，呈颗粒状、粉状或不规则团块状，紫黑或深棕色，略显油性，气味浓烈具扩散性（接触阳光气味易发散），动物感十足，稀释之后的气味令人神往。

在不同文化中，麝香代表的意义相去甚远，来到埃及的麝香，被视为一种撩拨性欲的象征，是兽性的代表；中国的麝香和药学医理渊源较深，除用来开窍醒神、活血通经之外，麝香往往有提升辅助其他香料表现层次的作用，清朝词人纳兰性德《浣溪沙》中有句“麝篝衾冷惜余熏”，是借麝香思念情人……

在香水中，有很多被用于形容麝香气味的说法，像是动物气息（animalic）、土味（earthy）、木质气息（woody）和婴儿的体香等。但麝香真正的气味本质，是以一种珍贵成分——麝香酮（muscone）——为主，仅占麝香总成分[①]的0.93%~4.12%。无论在香水还是药方中，麝香最终多与其他香料一起调和，很难被细究，能有机会接触到纯度百分百天然麝香的人非常少，加上市面上有许多打着麝香名号的商品，如白麝香、黑麝香、埃及麝香、中国麝香、红麝香、西藏麝香、东方麝香等，其中大部分的香气都是人造麝香[②]带来的效果，这些也都更加模糊了天然麝香给人的气味印象。

① 麝香成分有麝香酮、麝香吡啶（Muscopyridine）、总雄性激素、氨基酸、蛋白质、抗炎活性物质、脂肪酸、磷酸、尿素、纤维素及大量无机元素如钾、钠、钙、铁、氯、硫酸盐、磷酸盐等。参考《野生动物活体及其产制品鉴定手册》。

② 人造麝香、合成麝香（synthetic musks、artificial musks）大致可以分为三类——硝基麝香（nitro-musks）、多环麝香（polycyclic musk compounds）和大环麝香（macrocyclic musk compounds）。前两类人造麝香有潜在的致癌性，在许多国家都被禁止或限制使用。相较之下，大环麝香的安全性较高，因此它逐渐取代了硝基麝香和多环麝香的地位。 想多了解人造麝香，可参考 Perfume Shrine 的部落格 http://perfumeshrine.blogspot.tw/。

香气萃取与实用手记

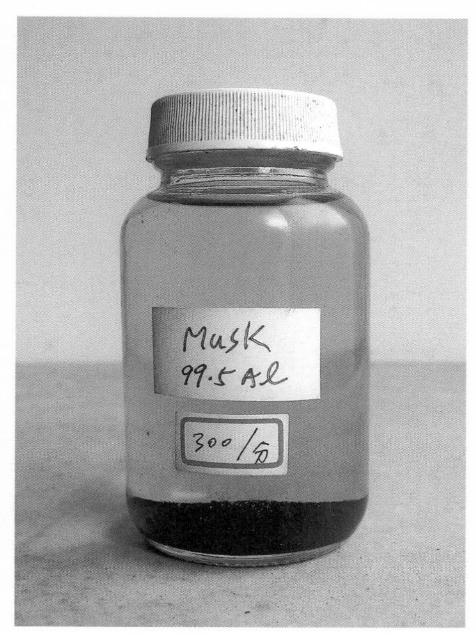

麝香酊剂

制作柑橘花香水时，我喜欢添加少量麝香酊剂（至多 1%），它能为花香增加动感。2012 年制作的金桔花淡香水就用了一点点麝香酊剂，主要材料有金桔花原精、金合欢原精、金桔皮、金桔叶、芳樟、白檀、麝香酊剂。若不用麝香酊剂，可以用香葵原精替代，剂量可提高至 5%。

2

麝猫香

Civet

麝香猫

麝香猫又称灵猫，是灵猫科（Viverridae）动物而非猫科。一般用来取香的种类主要有非洲灵猫（Viverra civetta）、大灵猫（Viverra zibetha）及小灵猫（Viverricula indica）3 种。非洲灵猫分布于非洲中部至东部几个国家，大、小灵猫则分布于亚洲地区，主要栖息在热带和亚热带的森林环境中，以小型动物、昆虫、蚯蚓等为食，也吃植物的果实和根，生性机敏，属夜行性动物。台湾只有一种小灵猫，亦即“麝香猫”，是特有亚种。

此类动物之所以分泌这些带有浓烈气味的液体，主要是用来标志领域（麝香猫有定点泌香的习性），和麝鹿为了生殖求偶而分泌麝香是不一样的。雌雄麝香猫腹部后方都有一对香腺，可以分泌麝猫香，雄猫分泌量比雌猫多了将近一倍，现代也已经用圈养取香来代替射杀取香。在人工养殖环境中，麝香猫习惯在突出的枝头、桩、岩石或角落，涂抹分泌出来的液体，刚分泌出来呈淡黄色浓稠蜜状，不久即变成褐色，可不定期在麝香猫涂抹分泌处刮取，此称为“壁香”；如果采用人为方法，即每隔一至两个月，以笼子捕捉固定，直接从香腺囊中刮取，称“刮香”或“挤香”。品质以壁香为佳，如果割取死亡后的个体，则称“死香”。

麝猫香中含多种大分子环酮，如麝猫香酮（占麝猫香约 3%）、二氢麝猫酮、6-环十七烯酮、环十六酮等，它们是构成气味成分的主要部分，另还有吲哚、乙胺、丙胺及几种未详的游离酸类，其中吲哚也可在许多香花中发现。在中药外科膏散中，麝猫香可做麝香的替代品，有辟秽、行气、兴奋、止痛之效，国外也有应用在食品加工业方面的实例，然而最主要的还是用于化妆品，特别是香水。

麝猫香的气味较麝香具有更多的动物感，未稀释前腥臭浓烈，感觉就像拿了一小瓶粪便，稀释之后也不见得有多美妙，神奇的是，若将稀释（例如将 1 毫升麝猫香加到 100 毫升的乙醇中，调成 1% 浓度的麝猫香酊剂）之后的麝猫香，加进几滴纯粹花香调的香水中，假以时日熟成之后，就可以感受到花朵鲜活冶艳了起来，或许被称为美丽的事物，总要有一点丑陋来装扮，才可以完美吧！欧洲文艺复兴时期的香水，多有麝猫香、龙涎香、麝香等动物香料的添加，尤其是麝猫香与玫瑰的搭配，可视为 16 世纪欧洲香水气味的基本典范。

香气萃取与实用手记

麝猫香酊剂

1. 纯度 100% 的麝猫香，是萃取麝香猫腺体，经纯化、去杂质之物。将此物以 10% 调入乙醇，就是麝猫香酊剂。

2. 麝猫香酊剂气味中的动物感较麝香强烈，和麝香酊剂的使用方式一样，剂量至多 1% 即可。

3

蜂蜡原精

Beeswax absolute

正在采橙花蜜的蜜蜂

花香带有蜂蜜气息的植物

蜂蜡来自工蜂腹部腺体所分泌的蜡状物质，刚分泌的蜂蜡呈液态，接触空气后，硬化为白色软蜡质，再经工蜂咀嚼，混入大颚腺分泌物，便成蜂蜡，主要用来构筑蜂巢和蜂房（巢脾，comb）封盖。蜂王和雄蜂并不分泌蜂蜡。老一些的蜂巢由于花粉、蜂胶①积沉，颜色呈鹅黄色。一般蜂蜡的取得，是将去蜜的蜂巢放进水锅中加热融化，接着趁热过滤以去除杂质，冷却后，浮于水面的蜂蜡随即凝结成块，取出就是粗制蜂蜡。香水业中用来制作蜂蜡原精的材料，是取自五年以上的老蜂巢，碾碎后直接以溶剂萃取，此未经高温加热过程的蜂蜡，可以保有蜂蜜迷人的清甜气味，千万别用精制完成的蜂蜡去萃取，那已经没香气了。

目前，生产蜂蜡原精的国家主要有西班牙、法国和摩洛哥，美国加州近年也相继投入生产。和其他植物原精的制造程序一样，先用乙醇萃取，然后过滤掉粗杂质，蒸去溶剂得到浓稠状凝香体，再将乙醇加入凝香体搅拌，再次萃取，最后过滤细杂质，于真空

① 蜂胶（propolis）是工蜂采集自植物苞芽、树皮等部位所渗出的液状脂、胶，再混合蜜蜂本身的颚腺、蜂蜡，经反复咀嚼而成的一种暗褐色胶状物，因为有抗菌、抗发霉及抗氧化功效，主要用来修补蜂巢破洞，维系整个蜂群的健康。蜂胶也有一股特殊气味，成分相当复杂，会因为不同季节、地区而有很大的差异，其中类黄酮的含量很高，也是蜂胶精华所在。

蜂巢是制作蜂蜡原精的材料

低温下蒸去乙醇，即得蜂蜡原精，获取率约 1%（1 公斤凝香体可萃出 10 克原精）。刚制成的原精，室温下呈金黄色软固体状，带有树脂般浓香气味。蜂蜡原精气味会因产地、季节、蜂种、生产方式而略有不同，有的还带有干草香、烟草香、玫瑰花香甚至麝香，主要成分为苯乙酸、苯甲酸苄酯、香荚兰素、芳樟醇等芳香分子。

史前时代的老祖宗早已知道蜂蜜的好处，在西班牙发现距今约一万年前的洞穴壁画上，就有描绘女性从蜂巢中摘取蜂蜜的图画；美索不达米亚文明的象形文字、古埃及壁画、中国殷墟甲骨文等，也有关于蜂蜜最早的记载；希腊神话中，天神宙斯就是喝蜂蜜才得以长大的。蜂蜜不仅是一种滋补食物，人类更因为它特殊的香甜气味而赋予了它美好的象征，《旧约》中，以色列人的应许之地迦南（Canaan），被描述为一个“流着奶与蜜的地方”；歌手许景纯的《爱的国度里》歌词中，有一段“在爱的国度里只有蜂蜜和乳香”，蜂蜜都被视作丰饶的象征。

相对于蜂蜡原精的浓厚脂香，市面上也有一种萃取自蜂蜜的蜂蜜原精（honey absolute），它的气味较轻盈、甜美，更接近印象中的蜂蜜气味，然而价钱却让人咋舌，原因是萃取率实在太低。幸好金银花、金合欢、香蛇鞭菊（鹿舌草）等原精也带有青草般的蜜香气息，和白芷酊剂以及柑橘花原精一起调香，会出现一种淡雅的木质蜜香，再搭配柠檬便可幻化出轻盈、柔美的春天气息。

香气萃取与实用手记

蜂蜡

芳香蜡烛

1. 可直接跟养蜂人家购买老旧舍弃的蜂巢直接萃取（萃取方法详见内文）。另，不建议自己萃取蜂蜜原精，因效率太低，实在暴殄天物，蜂蜜还是当食物的好。

2. 蜂蜡原精很适合与柑橘类、橙花、薰衣草调香，能为天然香水带来充满阳光般的明亮特质，Lush 曾经发行的“橙花飞舞”香水，其中蜂蜡原精与其他香料就配合得恰到好处。

3. 芳香蜡烛：蜂蜡可以制作很多芳香用品，此芳香蜡烛，我只以大豆蜡烛加蜂蜡来制作（讲究一点的还会加上可可脂），香料可选择香气浓郁的肉桂、茴香或丁香，气味持久远扬，想防虫还可考虑加入香茅。冬夜燃着辛香蜡烛，带来温暖的感受。

4

龙涎香

Ambergris

龙涎香其实是抹香鲸排出的肠胃中不易消化的固态物质

在香水中，琥珀几乎等同于龙涎香，然而真正的琥珀却是来自针叶植物树脂的化石

要说世界上最奇异难寻的香料，非“龙涎香”莫属，它是东方香道文化中四大名香“沉、檀、龙[①]、麝”之一。龙这个字，耳熟能详却又莫衷一是，现在有学者根据《说文解字》、甲骨文及《易经》提出解释，中国人关于龙的想象，可能来自古人对龙卷风的观察，即便如此，龙代表的文化概念从来都与皇帝、天子相关，象征着尊贵、珍稀、不可侵犯，在神话传说中能隐能现、登天潜渊、呼风唤雨，种种能力显示着至高无上的权力。古人为了取悦皇帝，将此香料来历、取得、使用效果披上了神秘外衣，“龙涎香”名号大概就是这么来的，表示“龙王涎沫”，也有“天香”的美称。

① 也有人认为四大名香中之龙香，指的是龙脑，来自龙脑香科植物，又称冰片、瑞脑，是佛家礼佛的上等供品，也是浴佛的主要香料之一。

捕鲸业尚未发达以前，人们发现的龙涎香多在海边拾取，6 世纪时，阿拉伯商人开始将它带往世界各地，随后在唐代传入中国，称“阿末香”，宋代以后才称“龙涎香”。虽然早在公元前就有龙涎香的记载，人们也已经将龙涎香当香料使用了近 19 个世纪，但许多关于龙涎香身世的说法仍属穿凿附会，诸如掉入海中经海水浸泡的蜂巢、经年累月风化的鸟粪、海底火山喷出的物质、来自特殊真菌形成等。直到 20 世纪，龙涎香的身世才由索科特拉岛（Socotra）的阿拉伯渔夫，从捕获的抹香鲸体内得到而证实。

抹香鲸主要在温暖的海域中活动，是齿鲸类中最大的一种，也是鲸类家族的潜水冠军，几乎只吃大王乌贼和章鱼，然而这些食物却有不易消化的硬质部分，虽然大部分都可以被呕吐出来，少数却进入抹香鲸的肠胃里，最后形成一种固态物质，并随着粪便被排出体外（抹香鲸的粪便是液状），这就是最初的龙涎香。由于龙涎香的密度比水小，排出后漂浮于海面，经风吹日晒、海水浸泡等一连串大自然的洗礼，颜色从黑色、灰色一直到白色，时长可达数十年甚至百年之久，一般认为，品质以白色为优。

研究龙涎香多年的鲸豚专家克拉克（Clarke）（2006）表示，现今有记录的天然龙涎香，几乎都来自被捕获的抹香鲸体内，而且含有龙涎香的抹香鲸比例仅为 1%，也就是说并非所有抹香鲸都会产生龙涎香，而直接取自抹香鲸体内的龙涎香腥臭难闻，必须再经过繁复的人工处理方能使用，这种龙涎香品质也最差。

西方人称龙涎香为灰琥珀，它的英文名称便是由具有琥珀含义的“amber”和灰色含义的“grey”所组成，英国人则直接称琥珀。因此在香水中，琥珀几乎等同于龙涎香，然而真正的琥珀却是来自针叶植物树脂的化石，也是一种中药材，有镇惊安神、活血散瘀的功效。

龙涎香珍贵之处，除了得来不易、神话传说加持以外，最重要的就在它那不可思议的香气！天然香水师曼迪・阿芙特（Mandy Aftel），形容龙涎香带有光芒闪耀的特质，犹如一颗会散发香气的宝石；也有人形容它，混合了泥土、海藻、烟草、玫瑰、麝香的气味；有的书籍则说天然龙涎香本身几乎无味，必须经过融化稀释之后，才会出现蜜般香气。

对于龙涎香气味的描述，因人而异，它的气味印象难以捉摸，神秘感

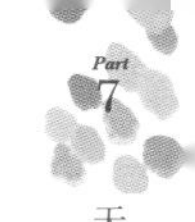

十足。20 世纪 50 年代，龙涎香气味分子首次被香水公司解构，发现它和岩玫瑰脂的气味相似，因此有所谓龙涎香型的香调出来，如果以植物精油模拟调香，即前文所提，是以岩玫瑰和香荚兰为主角的。

香气萃取与实用手记

龙涎香酊剂

几年前，我自中药贸易商处购得一些龙涎香，并将它浸泡入酒精中，做成酊剂。记得刚制成的龙涎香酊剂让我颇感失望，原先诸多想象中的神奇香气并没有出现，只有刺鼻的乙醇气味。就在几天前，为了写龙涎香，我将放了好些年的酊剂再拿出来感受，竟然出现一种很好闻的香荚兰气息，同时透着一点点苦香、脂香和辛香，乙醇挥发后具有黏质感，在皮肤上停留了不算短的时间，定香效果应该不错，余味则转变成淡淡的像是麝香的气味，真有如获至宝的感觉呢！我的经验也印证了龙涎香酊剂愈陈愈香的说法。